U0195741

住房和城乡建设部“十四五”规划教材
高等职业教育土建施工类专业 BIM 系列教材

BIM 设备应用

汤　捷　主　编
杨群芳　副主编
刘保石　主　审

中国建筑工业出版社

图书在版编目（CIP）数据

BIM设备应用 / 汤捷主编；杨群芳副主编. — 北京：中国建筑工业出版社，2023.12

住房和城乡建设部“十四五”规划教材　高等职业教育土建施工类专业BIM系列教材

ISBN 978-7-112-29320-9

Ⅰ. ①B…　Ⅱ. ①汤…②杨…　Ⅲ. ①建筑设计-计算机辅助设计-应用软件-高等职业教育-教材　Ⅳ. ①TU201.4

中国国家版本馆CIP数据核字（2023）第215756号

本教材采用真实工程案例编写，分为Revit设备建模基础和建筑设备快速建模与智能优化两大部分。其中，Revit设备建模基础包括设备建模准备、水系统建模、风系统建模、电气系统建模等内容；建筑设备快速建模与智能优化主要包括建筑设备快速建模和建筑设备智能优化两部分内容。本教材配套活页册中包括任务习题、学习情况评价表和训练任务书等内容。

本教材既可作为高等职业院校和职教本科院校BIM建模相关课程的参考教材，也可作为企业人员BIM建模技术入门培训教材。

责任编辑：李天虹　李　阳

责任校对：张　颖

校对整理：董　楠

住房和城乡建设部“十四五”规划教材

高等职业教育土建施工类专业BIM系列教材

BIM设备应用

汤　捷　主　编

杨群芳　副主编

刘保石　主　审

*

中国建筑工业出版社出版、发行（北京海淀三里河路9号）

各地新华书店、建筑书店经销

北京鸿文瀚海文化传媒有限公司制版

天津翔远印刷有限公司印刷

*

开本：787毫米×1092毫米　1/16　印张：9½　字数：232千字

2024年1月第一版　2024年1月第一次印刷

定价：**28.00**元（赠教师课件、附活页册）

ISBN 978-7-112-29320-9

（41993）

版权所有　翻印必究

如有内容及印装质量问题，请联系本社读者服务中心退换

电话：（010）58337283　QQ：2885381756

（地址：北京海淀三里河路9号中国建筑工业出版社604室　邮政编码：100037）

出版说明

党和国家高度重视教材建设。2016 年，中办国办印发了《关于加强和改进新形势下大中小学教材建设的意见》，提出要健全国家教材制度。2019 年 12 月，教育部牵头制定了《普通高等学校教材管理办法》和《职业院校教材管理办法》，旨在全面加强党的领导，切实提高教材建设的科学化水平，打造精品教材。住房和城乡建设部历来重视土建类学科专业教材建设，从“九五”开始组织部级规划教材立项工作，经过近 30 年的不断建设，规划教材提升了住房和城乡建设行业教材质量和认可度，出版了一系列精品教材，有效促进了行业部门引导专业教育，推动了行业高质量发展。

为进一步加强高等教育、职业教育住房和城乡建设领域学科专业教材建设工作，提高住房和城乡建设行业人才培养质量，2020 年 12 月，住房和城乡建设部办公厅印发《关于申报高等教育职业教育住房和城乡建设领域学科专业“十四五”规划教材的通知》（建办人函〔2020〕656 号），开展了住房和城乡建设部“十四五”规划教材选题的申报工作。经过专家评审和部人事司审核，512 项选题列入住房和城乡建设领域学科专业“十四五”规划教材（简称规划教材）。2021 年 9 月，住房和城乡建设部印发了《高等教育职业教育住房和城乡建设领域学科专业“十四五”规划教材选题的通知》（建人函〔2021〕36 号）。为做好“十四五”规划教材的编写、审核、出版等工作，《通知》要求：（1）规划教材的编著者应依据《住房和城乡建设领域学科专业“十四五”规划教材申请书》（简称《申请书》）中的立项目标、申报依据、工作安排及进度，按时编写出高质量的教材；（2）规划教材编著者所在单位应履行《申请书》中的学校保证计划实施的主要条件，支持编著者按计划完成书稿编写工作；（3）高等学校土建类专业课程教材与教学资源专家委员会、全国住房和城乡建设职业教育教学指导委员会、住房和城乡建设部中等职业教育专业指导委员会应做好规划教材的指导、协调和审稿等工作，保证编写质量；（4）规划教材出版单位应积极配合，做好编辑、出版、发行等工作；（5）规划教材封面和书脊应标注“住房和城乡建设部‘十四五’规划教材”字样和统一标识；（6）规划教材应在“十四五”期间完成出版，逾期不能完成的，不再作为《住房和城乡建设领域学科专业“十四五”规划教材》。

住房和城乡建设领域学科专业“十四五”规划教材的特点，一是重点以修订教育部、住房和城乡建设部“十二五”“十三五”规划教材为主；二是严格按照专业标准规范要求编写，体现新发展理念；三是系列教材具有明显特点，满足不同层次和类型的学校专业教学要求；四是配备了数字资源，适应现代化教学的要求。规划教材的出版凝聚了作者、主审及编辑的心血，得到了有关院校、出版单位的大力支持，教材建设管理过程有严格保障。希望广大院校及各专业师生在选用、使用过程中，对规划教材的编写、出版质量进行反馈，以促进规划教材建设质量不断提高。

住房和城乡建设部“十四五”规划教材办公室

2021 年 11 月

前　言

BIM 技术作为建筑业现代化和信息化改革的核心技术，近年来蓬勃发展。随着国家"十四五"规划有关"加快数字化发展，建设数字中国"战略部署，建筑业对信息化的发展愈加重视，对作为数据载体的 BIM 技术加大了推广力度。BIM 技术的价值逐渐被广泛认可和接受，尤其在设备安装领域更是发挥了巨大的应用价值。BIM 专业人员日益受到重视，并逐渐向强制化配置方向发展，人才需求不断提升。

BIM 设备建模能力是 BIM 技术相关专业学生必须具备的重要基础能力之一。在校期间，把 BIM 基础建模以及其他模型应用等相关课程作为载体对学生进行 BIM 基本概念养成和 BIM 建模能力训练。通过真实工程项目为背景案例，综合运用建筑、结构、机电、识图等专业知识，进行工程项目 BIM 建模技能的学习，同时验证、巩固、深化所学的专业理论知识和技能。

《BIM 设备应用》教材为住房和城乡建设部"十四五"规划教材之一，也是后续教材的基础，后续教材主要包括《BIM 设备综合实务》《BIM 土建综合实务》《BIM 施工应用》《BIM 施工综合实务》等。

教材内容分为 Revit 设备建模基础和建筑设备快速建模与智能优化两大部分，Revit 设备建模基础部分主要内容包括设备建模准备、水系统建模、风系统建模和电气系统建模；建筑设备快速建模与智能优化主要包括机电系统快速建模和转化过程、碰撞检查、管线优化、开洞套管深化、支吊架深化和机电预制深化等内容。

教材采用教学活页的方式为每个任务提供习题，并给出综合建模训练任务，同时教材中也提供了教学 PPT 和微课等数字资源，以多种媒体方式给学习者呈现教学内容，帮助学习者掌握设备建模的基本技能。

本教材提供了真实工程案例——浙江建设职业技术学院上虞校区校史展览馆。案例选取上主要考虑类型的典型性、体量的大小和难易程度，能够满足 BIM 初学者的基础训练和能力提升要求。

本书单元 1 中任务 1 由浙江建设职业技术学院汤捷负责编写，任务 2 由浙江建设职业技术学院杨群芳负责编写，任务 3 由浙江建设职业技术学院陈朝负责编写，任务 4 由浙江建设职业技术学院林章负责编写；单元 2 各任务由品茗科技股份有限公司刘丹怡负责编写。教材由品茗科技股份有限公司刘保石高工主持审核。

在本书编写过程中得到了品茗科技股份有限公司、浙江东南建筑设计有限公司、杭州优辰建筑设计咨询有限公司等一线行业企业不少专家的技术支持，特此一并感谢。由于编者水平有限，书中不足之处在所难免，恳请广大读者批评指正。

目　录

单元1　Revit设备建模基础

单元1学生资源

单元1教师资源

BIM设备建模基础能力总目标　　表1.0-1

专项能力	能力要素	
Revit设备基本建模能力	建模准备能力	新建项目能力
		链接模型能力
		复制标高、轴网能力
		定制项目样板能力
		创建过滤器和视图样板能力
	建筑给排水建模能力	水系统概述及图纸识读能力
		管道系统设置能力
		管道参数设置能力
		管道绘制能力
		管道附件及设备添加能力
	暖通空调建模能力	风系统概述及图纸识读能力
		风管系统设置能力
		风管参数设置
		风管的绘制能力
		风管附件及设备的添加能力
	建筑电气建模能力	电系统概述及图纸识读能力
		电气设备的添加能力
		线管的绘制能力
		电缆桥架的绘制能力
Revit设备模型建模基础能力	能在具备建筑设备施工图基础识图能力和Revit建模能力基础上，应用Revit软件完成完整的简单项目设备建模	

总体概念导入

1. 建筑设备BIM应用

主要是指机电建模、管线综合、多方案比较、设备机房深化设计、预留预埋设计、综合支吊架设计等。目前国内应用的基于BIM技术的建筑设备类软件主要包括RevitMEP、

MagiCAD、HIBIM、鸿业、PKPM、鲁班安装、广联达等。

2. RevitMEP

在 Revit 软件平台基础上开发，主要包含暖通系统、管道系统、电气系统等专业，与 Revit 操作平台一致，并且与建筑、结构专业的 Revit 数据互联互通。

3. BIM 协同设计

基于 BIM 理论提出的一种新的设计工作思路，指不同专业的设计人员为了某一共同的设计目标，以信息化管理平台为依托进行设计工作以及信息共享的综合协调，以达到高效高质量完成设计工作的目的。

任务 1　设备建模准备

能力目标（表1.1-1）

设备建模准备能力目标　　表 1.1-1

设备建模准备能力	1. 新建项目能力
	2. 链接 Revit 模型能力
	3. 复制标高轴网能力
	4. 定制项目样板能力
	5. 创建过滤器和视图样板能力

概念导入

1. 项目样板

项目样板的设置是一个项目开始的先决条件，只有依托于完善的样板文件，各专业相关模型的搭建才能有序进行。项目样板文件格式为 RTE，BIM 设备建模设计中，管道类型、管道连接方式、管道连接件、管道附件、视图样板、明细表样板、出图样板等内容均可以根据项目情况在样板文件中提前设置。

2. 链接模型

Revit 建模时，设备模型的创建离不开建筑及结构模型。作为 Revit 软件一项重要的功能，链接模型为多专业协同设计创造了条件，能够将不用专业模型放在一个项目文件中，方便专业人员快速查看其他相关专业的设计成果，进一步提高建模效率。与此同时，软件支持对链接的模型进行管理，当链接的文件发生变化后，项目文件可以同步更新。

3. 过滤器

过滤器是快速修改构件可见性的一种方式，也是一种对机电专业中各种管线进行分类的工具，将各类管线用不同颜色进行区分。

4. 视图样板

视图样板是一系列视图属性，例如视图比例、规程、详细程度及可见性设置等，直接修改视图属性的方式只能设置当前视图属性，使用视图样板可以快速修改同类型视图的属性，可以确保遵循设计单位的标准，并实现施工图文档集的一致性。

子任务清单（表1.1-2）

子任务清单 表 1.1-2

序号	子任务项目	备注
1	新建项目	新建、保存
2	链接 Revit 模型	协同设计
3	复制标高与轴网	复制/监视
4	定制项目样板	新建系统类型、浏览器组织
5	创建过滤器和视图样板	—

任务分析

本任务内容主要为设备项目建模准备，包括链接模型、复制标高和轴网、创建项目样板、设置过滤器和视图样板等，是 Revit 设备建模的基本准备工作，每个使用者都必须牢固掌握。

1.1 新建项目

新建项目

1. 功能

Revit 设备建模首先需要选择项目样板，创建空白项目。项目文件格式为 RVT，包含项目所有的设备模型、注释、视图和图纸等内容。

2. 操作步骤

建模项目需根据不同专业拆分为多个模型，而不同的模型则根据不同模板进行建模并保存。

第 1 步：新建项目。打开 Revit 软件，可通过“文件”菜单，选择“新建”按钮，单击“项目”选项进行新建；也可以直接单击起始界面里的“新建”按钮，见图 1.1-1。

第 2 步：选择样板文件。在弹出的“新建项目”窗口中，样板文件下拉列表选择“机械样板”，也可直接单击起始界面里的“机械样板”文件新建项目，见图 1.1-2。

第 3 步：保存项目。单击快速访问工具栏中的保存按钮，或者选择“文件”菜单下的保存按钮，输入名称后单击“保存”。在保存面板单击“选项”按钮，可设置项目备份数量，见图 1.1-3。

设备建模涉及的专业多、工程量大，需要多名工程师一起参与来完成，团队协作显得尤为重要。目前项目中常用的 BIM 协同方法主要有“中心文件方式”“文件链接方式”和“文件集成方式”。其中“中心文件方式”是最为理想的协同工作方式，它将整个项目的建模工作分为多个子模型，每个子模型由不同的设计人员负责，这些子模型都是基于一个中心文件进行协同工作的。中心文件是所有子模型的核心，其中包含了所有项目的共享信息，例如设计标准、图层设置、对象参数等等。每个子模型都链接到中心文件中，从而使得所有设计人员都能够同时访问和修改中心文件以及其包含的所有信息。

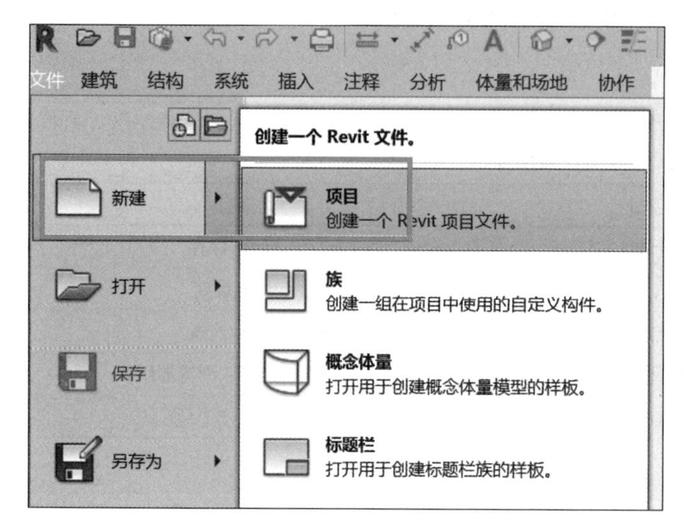

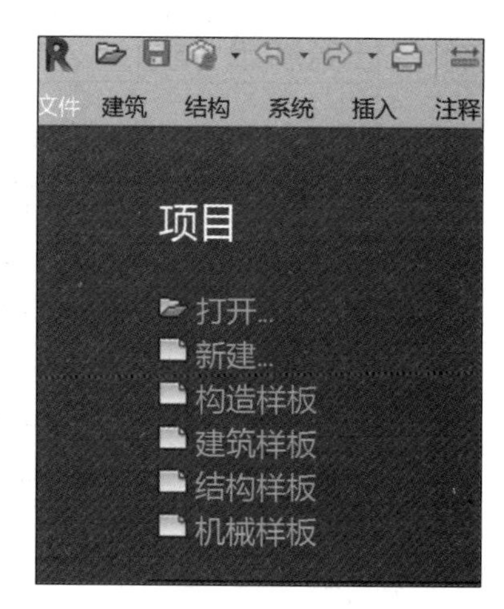

图 1.1-1　新建项目

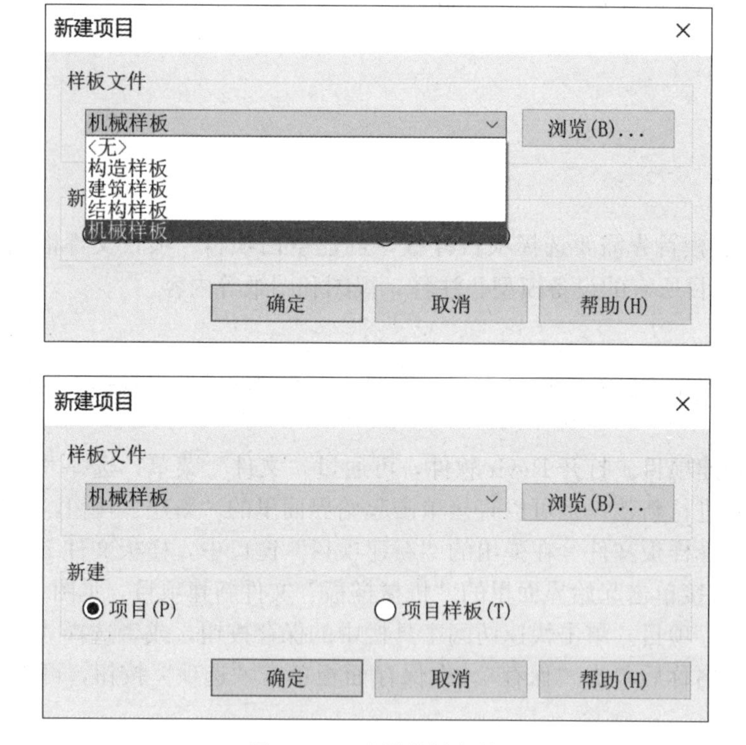

图 1.1-2　选择样板文件

在中心文件建模模式下，所有的设计人员可以独立地工作在各自的子模型中，无需担心与其他人员的冲突问题。而且，当需要在整个项目中进行修改时，只需要在中心文件中进行修改，所有的子模型都会更新，保证了数据的一致性和准确性。

此外，中心文件建模模式还支持多个设计团队并行工作，每个团队都可以使用自己的子模型，通过中心文件进行协同设计，提高了团队的协同效率。

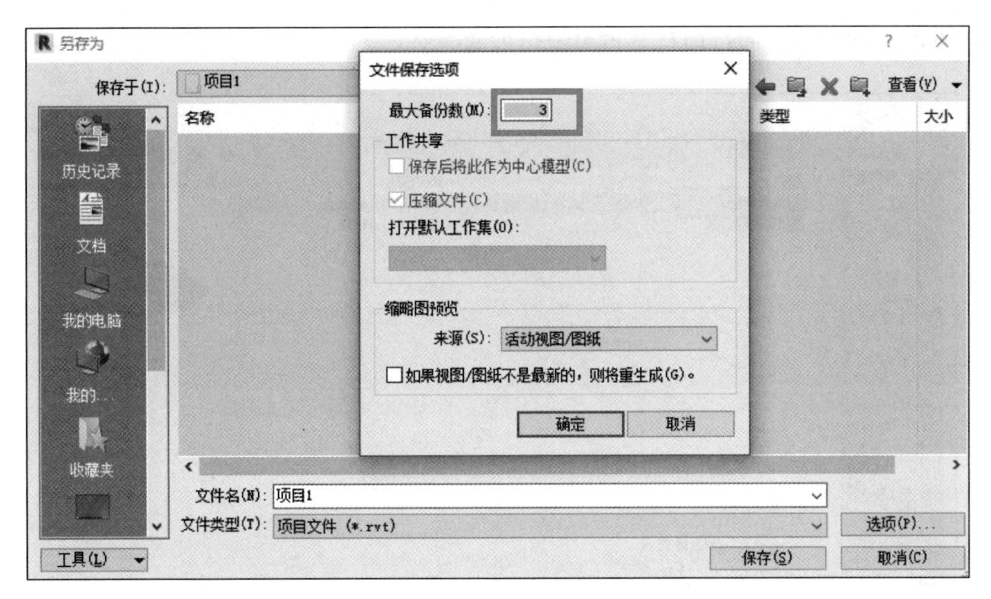

图 1.1-3　文件保存选项

1.2　链接 Revit 模型

链接 Revit 模型

1. 功能

Revit 提供了一个多专业集成的平台，不同的设计师可以在同一个平台上进行操作。Revit 设计协同主要通过链接和工作集两种方式来实现。其中链接是将外部文件链接到项目中使用，只能修改当前模型，不能修改链接文件。工作集是以网络环境为支撑，不同设计者可实现对同一 BIM 模型的创建和编辑，同步更新设计成果。本教材主要采用链接模型的方式。

2. 操作步骤

Revit 设备建模前，可以把已经完成的建筑模型或结构模型链接到当前项目中来。

第 1 步：点击“插入”选项卡，在该选项卡下“链接”面板中单击“链接 Revit”命令，见图 1.1-4。

图 1.1-4　链接 Revit 命令

第 2 步：在弹出的“导入/链接 RVT”对话框中浏览至建筑结构模型存放文件夹，选择“建筑模型”，将模型的定位方式设置为“自动-原点到原点”，单击“打开”按钮，见图 1.1-5。原点到原点是将链接模型的原点与当前项目的原点对齐。除了原点到原点，常用的还有中心到中心、通过项目基点等定位方式。

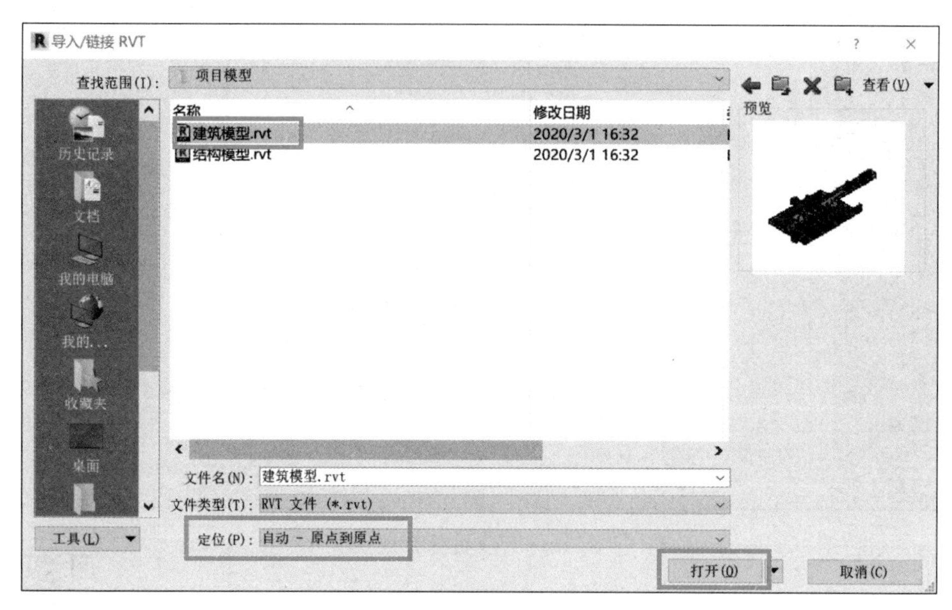

图 1.1-5 链接建筑模型

第 3 步：链接完成后，在“可见性/图形替换”对话框中开启项目基点和测量点的显示状态，查看项目的定位点，如需要修改可选中链接进行移动，然后将链接进行锁定，见图 1.1-6。

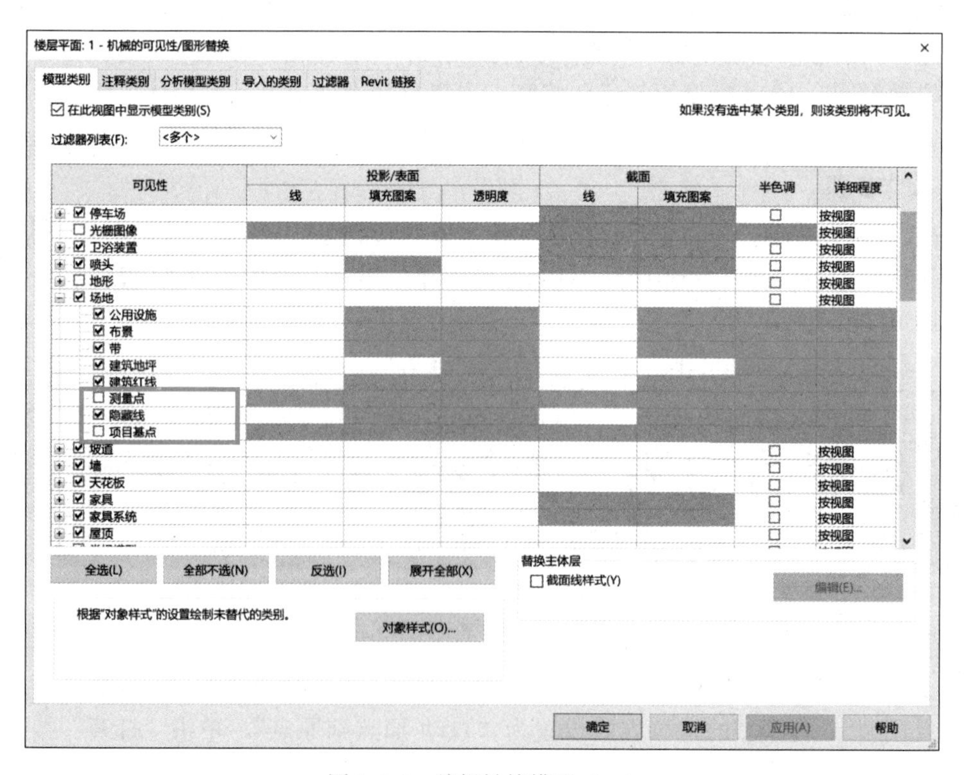

图 1.1-6 编辑链接模型（一）

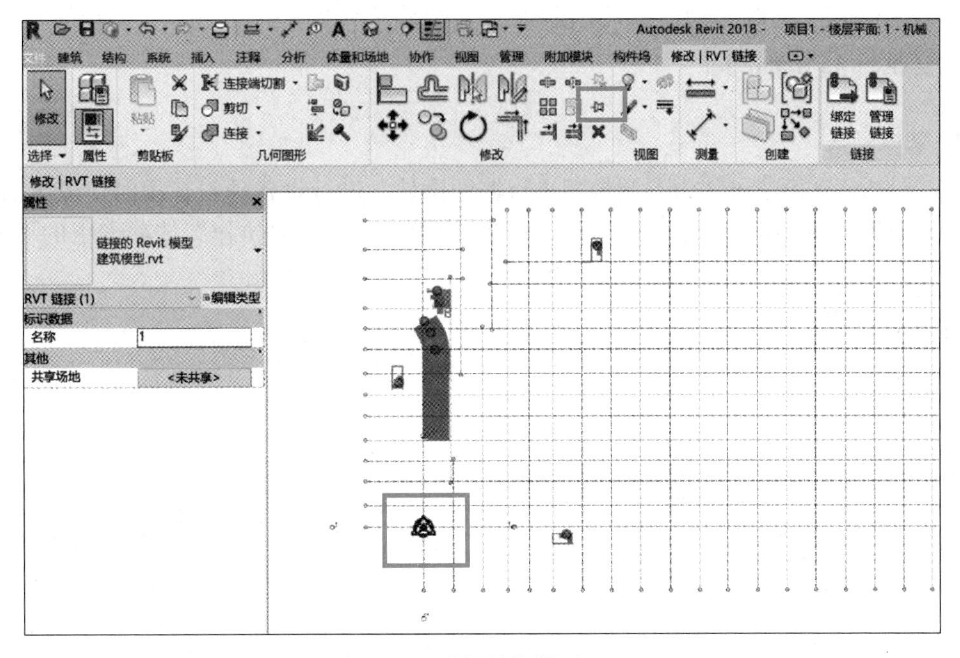

图 1.1-6 编辑链接模型（二）

第 4 步：在“插入”选项卡下点击“管理链接”命令，在弹出的对话框中还可以查看和修改链接的状态、参照类型、保存路径等内容，见图 1.1-7。

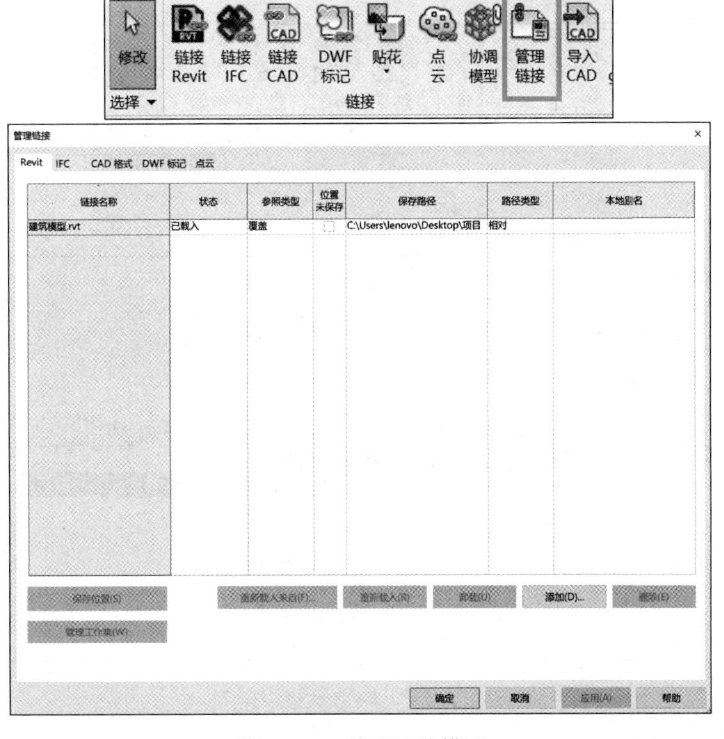

图 1.1-7 管理链接模型

1.3 复制标高和轴网

1. 功能

链接的 Revit 模型可作为参照模型进行辅助设计，进行设备项目建模时一般无需再创建标高和轴网，直接使用土建模型的标高和轴网即可。采用“协作”选项卡中的“复制/监视”工具，将所需图元复制到项目中。

2. 操作步骤

第 1 步：打开立面视图，点击“协作”选项卡，单击选择“复制/监视”命令下拉列表中的“选择链接”，见图 1.1-8。

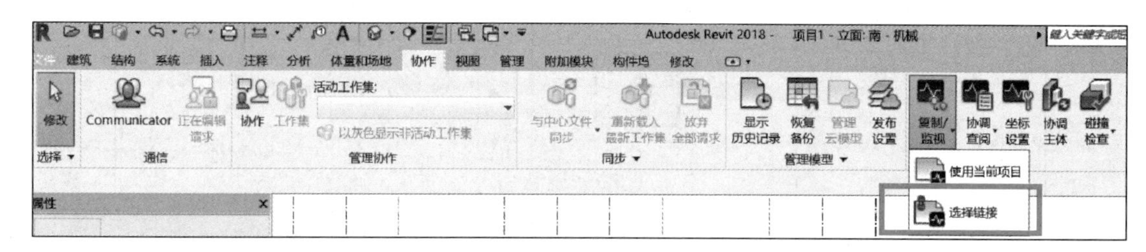

图 1.1-8　复制/监视命令

第 2 步：鼠标单击建筑模型拾取链接文件，在弹出的“复制/监视”工具中点击“选项”命令，在弹出的对话框中可以设置标高、轴网等图元的“新建类型”，将原构件的类型替换为当前项目中的类型，见图 1.1-9。

复制标高和轴网

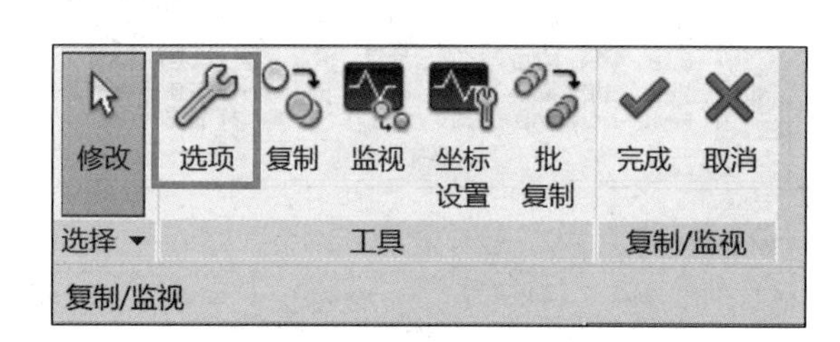

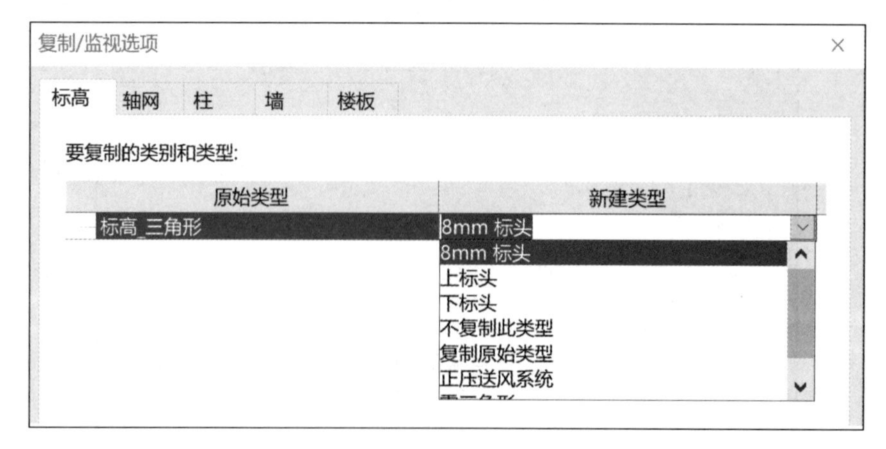

图 1.1-9　编辑复制类型

第 3 步：在“复制/监视”工具中点击“复制”命令，通过勾选下方工具栏中“多个”复选框可以同时复制多个图元。通过鼠标在绘图区域进行点选或框选需要复制的标高，若多选了不需要的构件，可以通过“过滤器”按钮将不需要的图元过滤掉，保留需要复制的构件。然后连续单击两个“完成”按钮，见图 1.1-10。

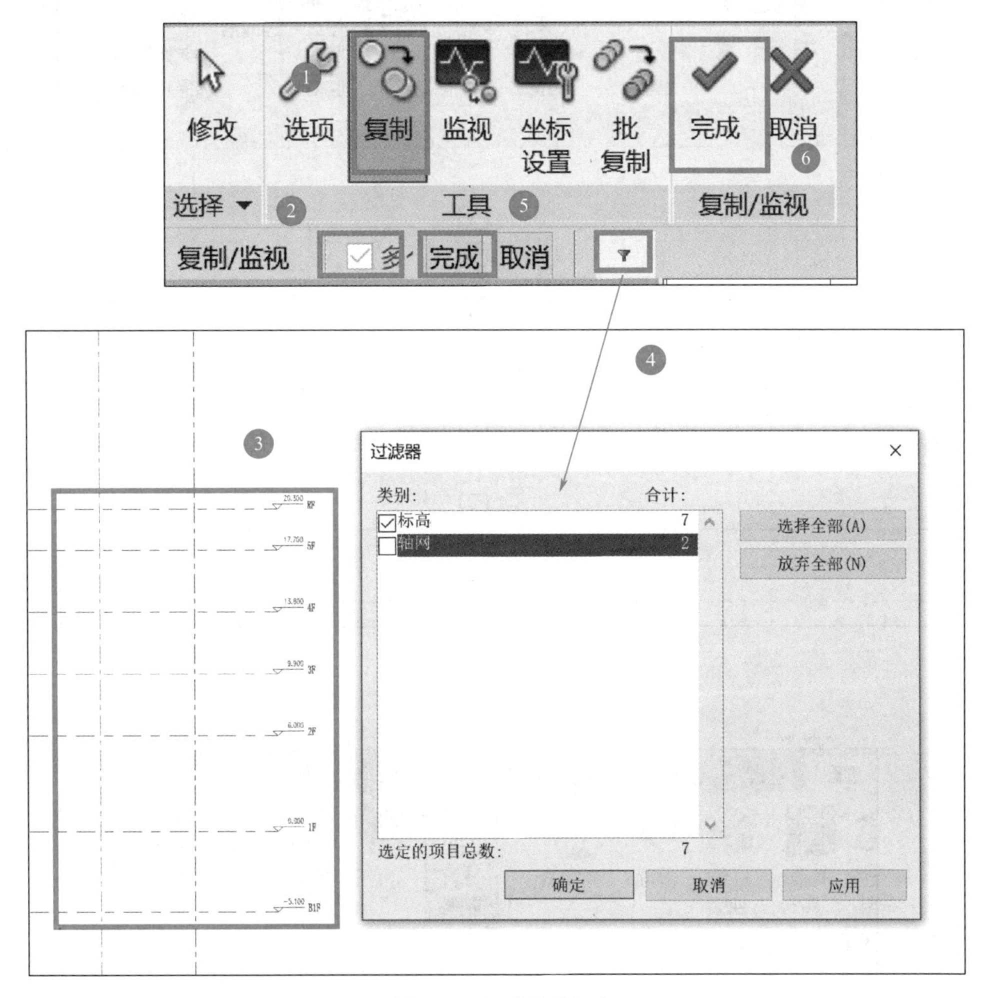

图 1.1-10　复制标高

第 4 步：复制完成的标高将显示为“监视”状态，单击“停止监视”命令可取消监视，见图 1.1-11。

在“监视”状态下，如果源文件被修改或当前项目监视的图元被修改，系统会提示更新信息，并可通过协调查阅进行查看和更新。

第 5 步：在“可见性/图形替换”对话框中点击“Revit 链接”，可将建筑模型进行隐藏，可清晰查看绘图区域复制完成的标高，并进一步为标高创建对应的“楼层平面”视图，见图 1.1-12。

采用同样的方法可继续复制/监视链接模型的轴网，见图 1.1-13。

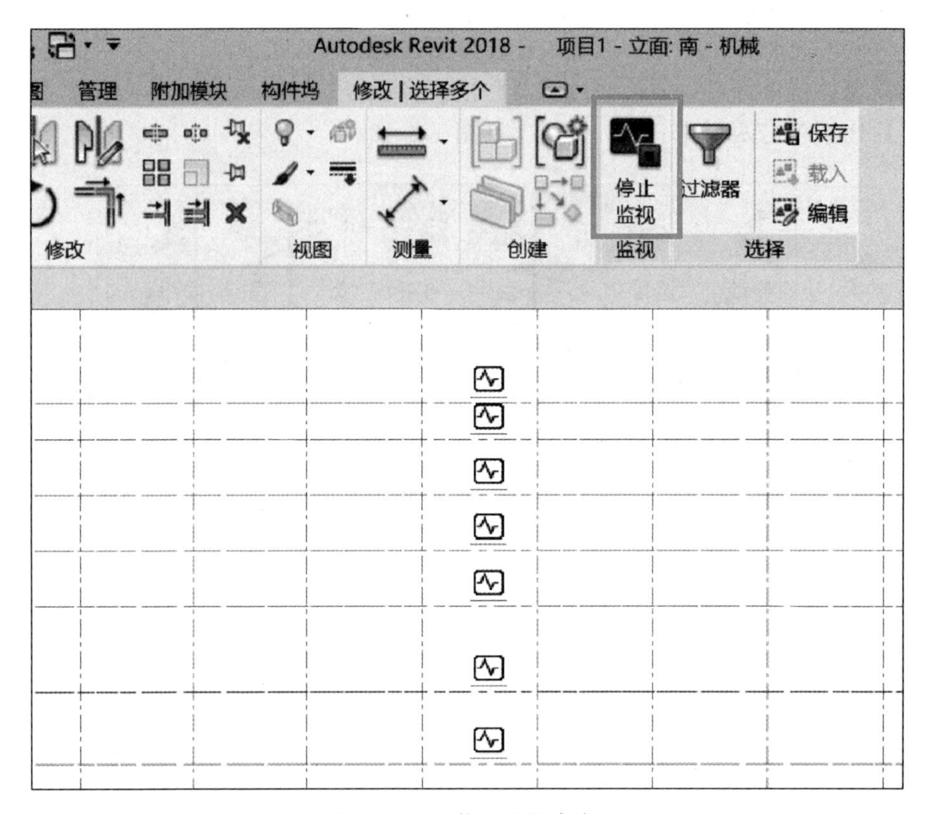

图 1.1-11　停止监视命令

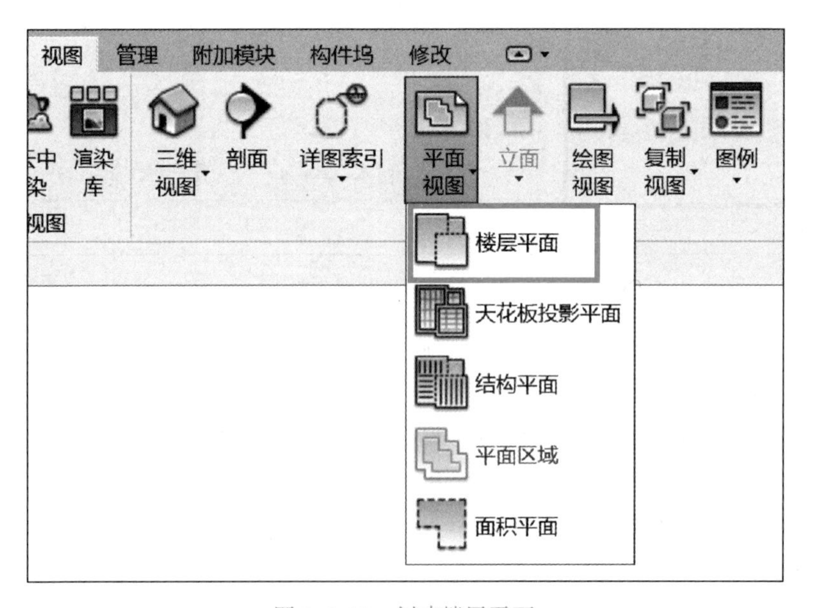

图 1.1-12　创建楼层平面

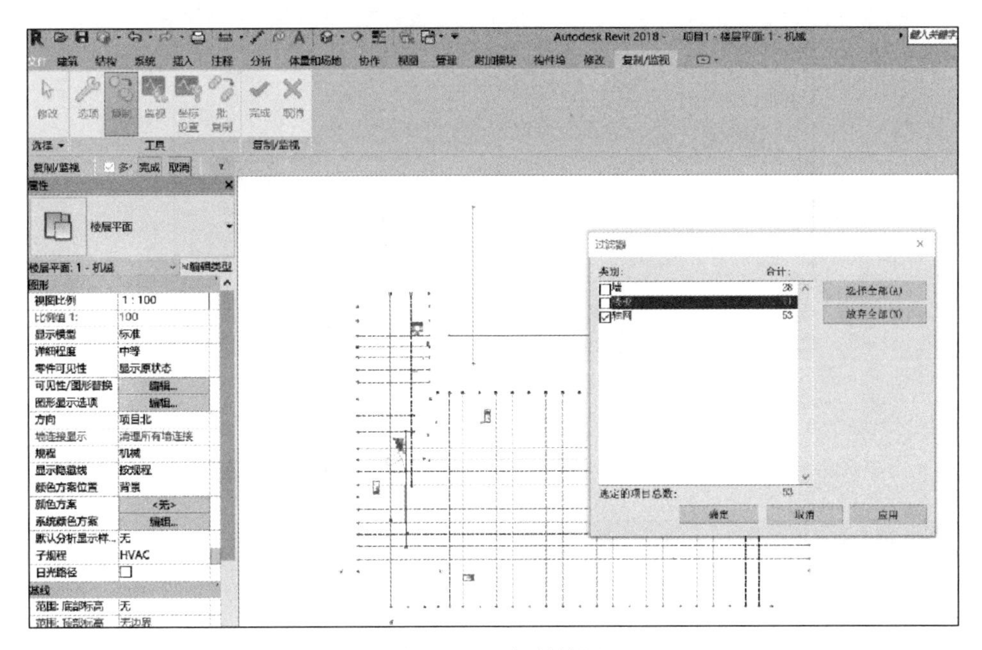

图 1.1-13　复制轴网

定制项目样板

1.4　定制项目样板

1. 功能

项目样板是创建项目的初始状态，软件自带的样板文件不完全符合我国设计师的使用习惯和设计要求，同时，不同的项目都有各自的特点，对样板文件的要求也就或多或少会有些不同，因此在创建项目之前定制好样板文件能减少后期的工作量。项目样板文件格式为 RTE，BIM 设备建模设计中，管道类型、管道连接方式、管道连接件、管道附件、视图样板、明细表样板、出图样板等内容均可以根据项目情况在样板文件中提前设置。

2. 操作步骤

这里主要介绍新建系统类型、浏览器组织设置等的操作方法和技巧。

（1）新建系统类型

第 1 步：新建样板文件。打开 Revit 软件，直接单击起始界面里“新建”按钮，在选择样板文件时选择“机械样板”选项，新建的类型勾选“项目样板”选项，单击“确定”按钮，见图 1.1-14。

第 2 步：创建系统类型。在项目浏览器的“族”选项中展开下拉列表，浏览至管道系统，可以看到软件默认的管道系统类型，见图 1.1-15。

具体的样板中一般需要对系统重新定义，具体的系统名称可根据设计总说明来进行设置。下面以新建“生活给水系统”为例，来介绍管道系统的新建方法。

第 3 步：复制管道系统。选择“项目浏览器”面板中的“族”→“管道系统”→“家用冷水”，单击鼠标右键，选择“复制”选项创建一个“家用冷水 2”的系统，见图 1.1-16。

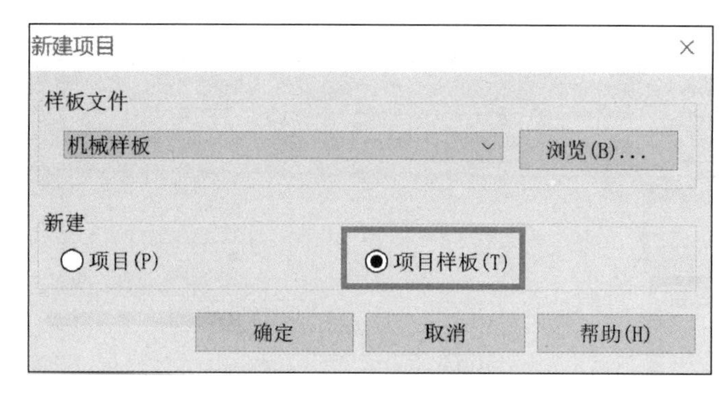

图 1.1-14　新建样板文件

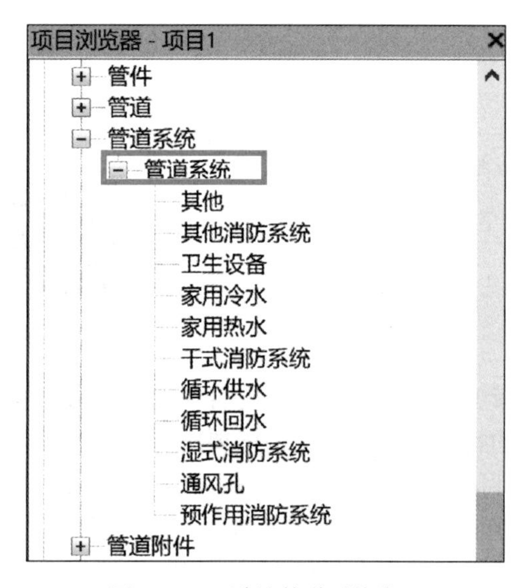

图 1.1-15　默认管道系统类型

图 1.1-16　复制管道系统

第 4 步：管道系统重命名。鼠标右键单击刚才复制的“家用冷水 2”系统，选择“重命名”选项，输入“01 生活给水系统”，见图 1.1-17。

> **注意**
>
> 系统名称前加上编号可让自定义的系统按一定顺序排列，避免无规则排列。

用同样的方法，可继续新建其他的管道系统和风管系统，创建完成的管道系统和风管系统见图 1.1-18。

（2）浏览器组织设置

浏览器组织是为了对项目中的视图进行分类管理。系统默认将视图按照规程进行组织，见图 1.1-19。在视图属性中调整规程和子规程可以改变视图的分类情况。

软件默认的规程及子规程包括建筑、结构、卫浴、机械、电气、暖通、协调等，对于

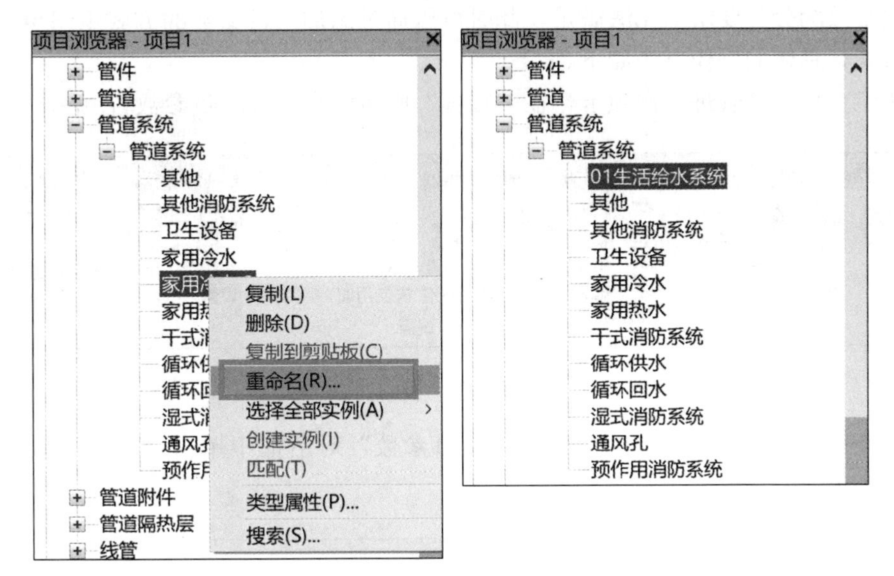

图 1.1-17　重命名管道系统

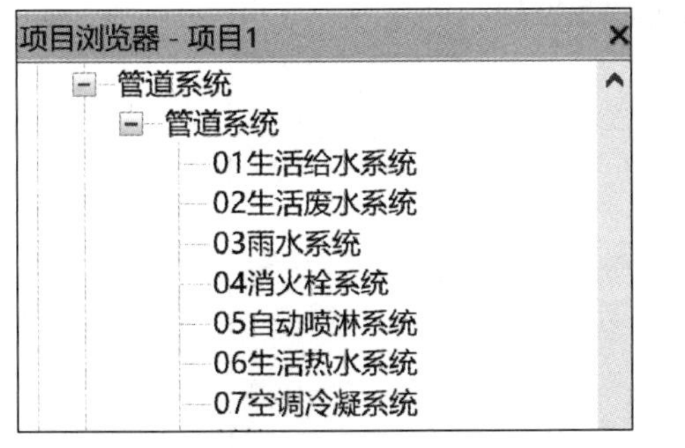

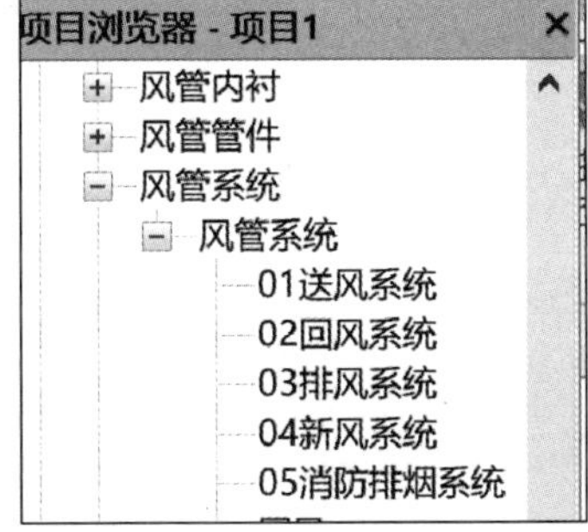

图 1.1-18　管道系统和风管系统

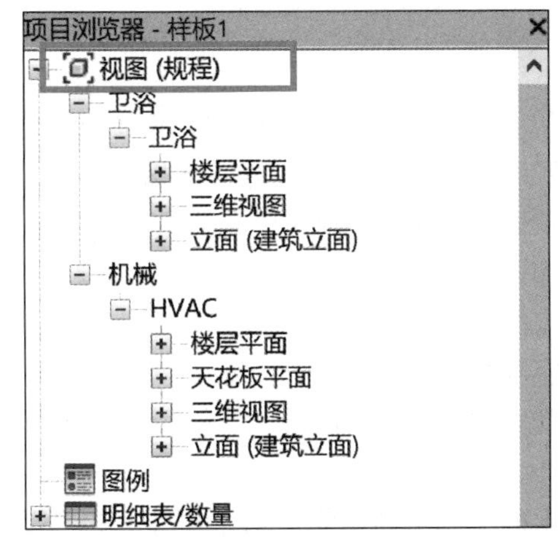

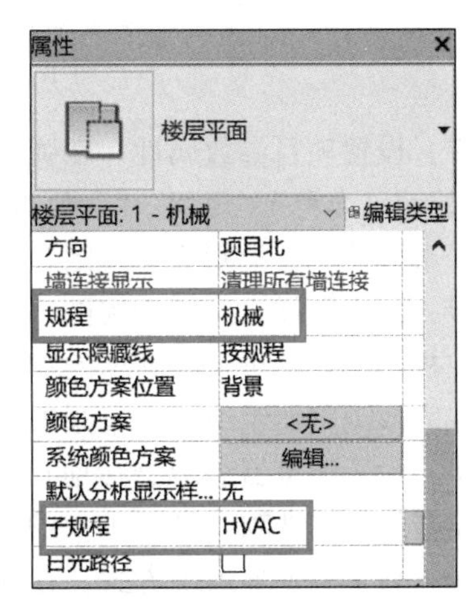

图 1.1-19　默认浏览器组织

项目中更细致的分类要求则无法满足，此时可以通过添加项目参数的方式组织更多的浏览器分类方式，具体的操作方法如下。

第 1 步：单击“管理”选项卡，在“设置”面板中点击“项目参数”，见图 1.1-20。

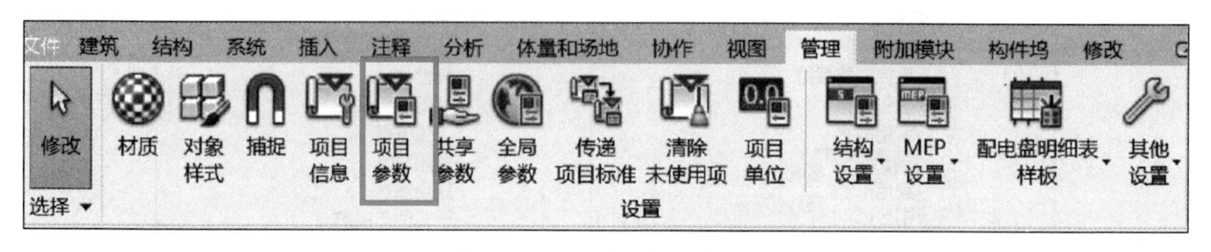

图 1.1-20　项目参数命令

第 2 步：添加项目参数。在弹出的“项目参数”对话框中单击“添加”按钮新建参数，见图 1.1-21。

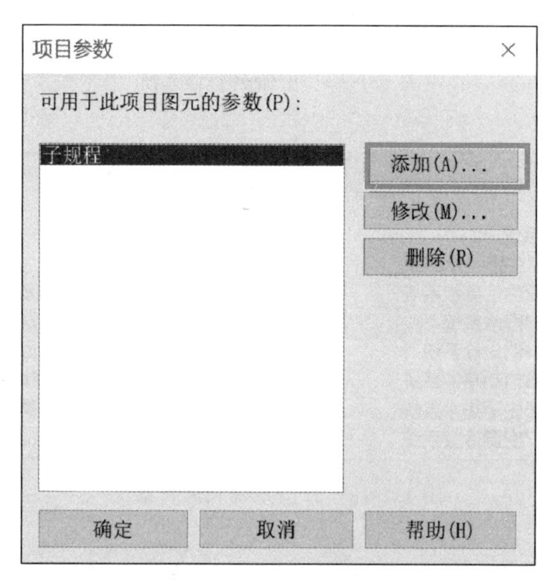

图 1.1-21　添加项目参数

第 3 步：设置项目参数属性。在弹出的“参数属性”对话框中，设置参数类型为“项目参数”，修改“名称”“规程”“参数类型”“参数分组方式”等参数数据，对话框右侧的类别中选择参数控制的类别为“视图”选项，最后单击“确定”，见图 1.1-22。

第 4 步：使用同样方法可为视图再添加一个名称为“子专业”的实例参数，切换到任意视图，在视图属性中可查看新增的参数分组，见图 1.1-23。默认情况下视图新增参数值为空白，在完成浏览器组织后，可添加文字参数来控制视图排序及分类。

第 5 步：设置浏览器组织。在项目浏览器“视图（规程）”选项位置单击鼠标右键，选择“浏览器组织”选项，见图 1.1-24。

第 6 步：新建浏览器组织方式。在弹出的“浏览器组织”对话框中，软件默认的组织方式包括类型/规程、规程、阶段等，见图 1.1-25。不同的项目样板其组织方式有一定的差别，单击“新建”按钮并设置新建组织方式的名称，点击“确定”按钮。

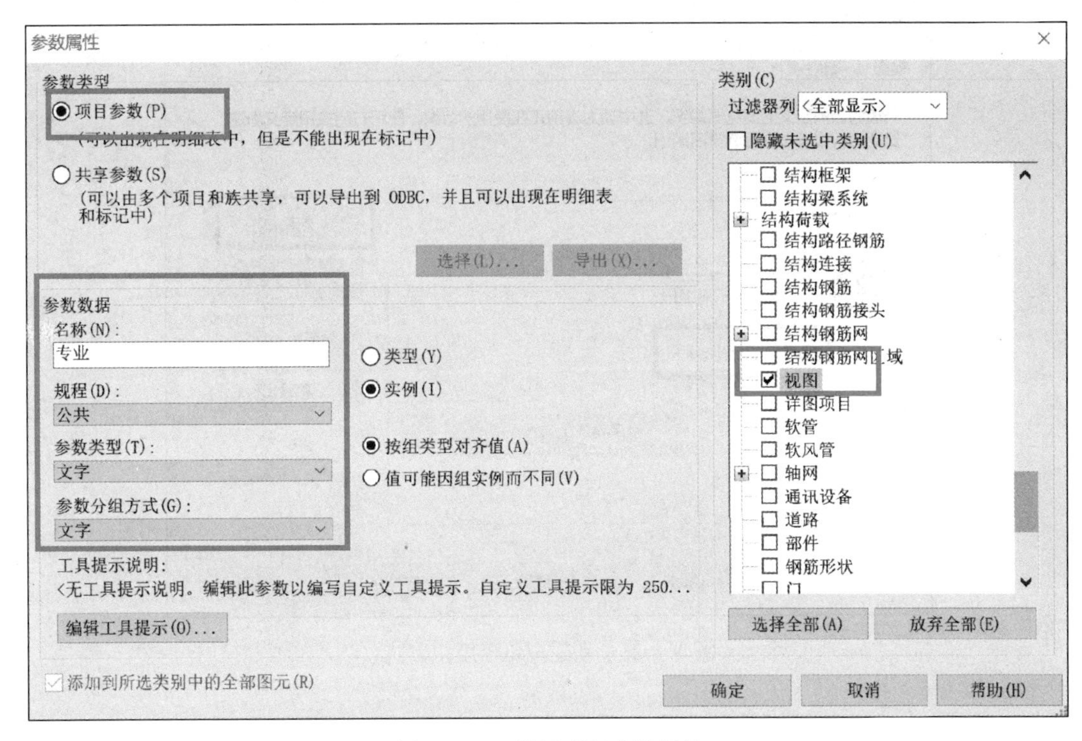

图 1.1-22　设置项目参数属性

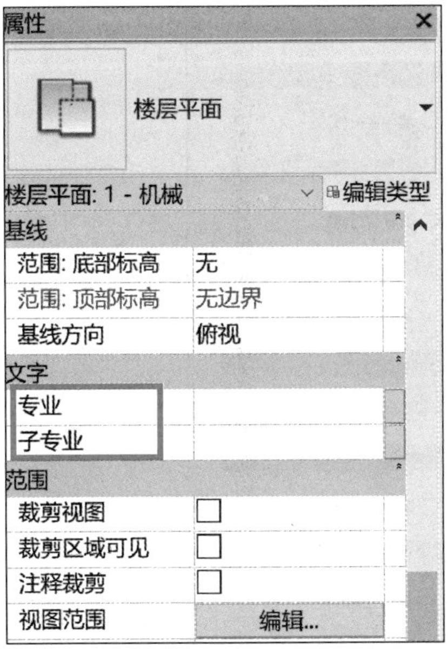

图 1.1-23　项目参数显示

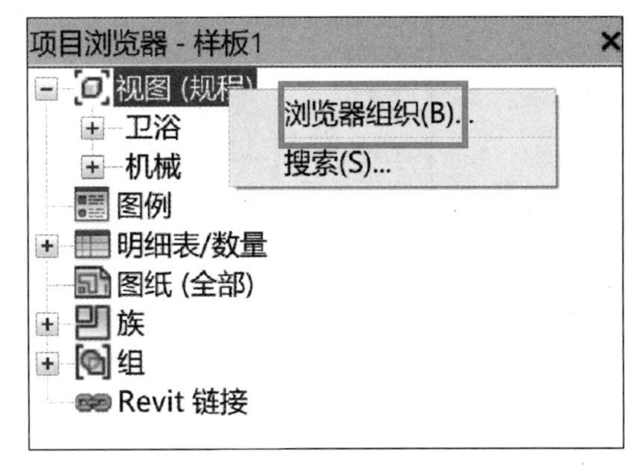

图 1.1-24　设置浏览器组织

第 7 步：设置浏览器组织属性。在弹出的“浏览器组织属性”对话框中，切换至“成组和排序”选项卡，修改“成组条件”为“专业”，“否则按”为“子专业”，单击“确定”按钮完成浏览器组织属性设置并关闭对话框，见图 1.1-26。

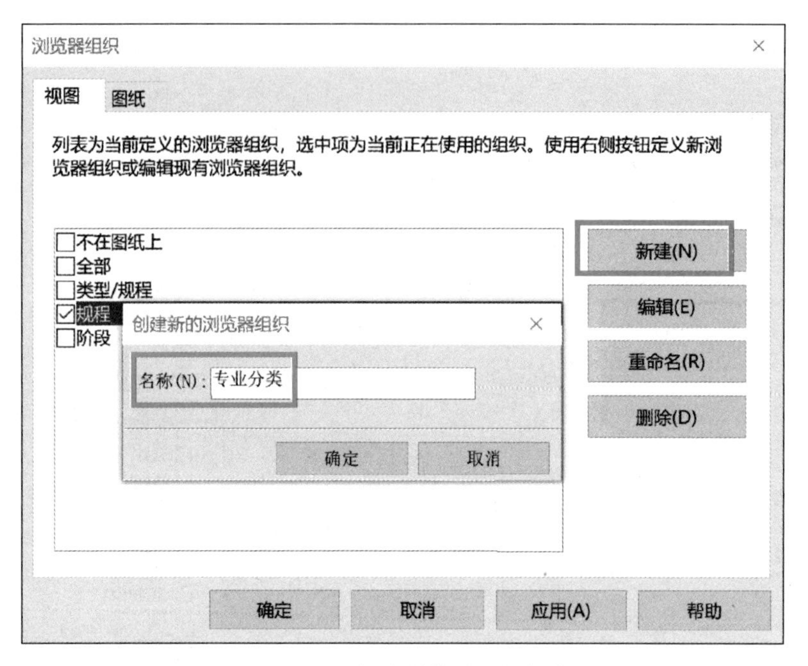

图 1.1-25　新建浏览器组织方式

图 1.1-26　设置浏览器组织属性

第 8 步：应用浏览器组织。将浏览器组织的方式选择为新建的“专业分类”，单击“确定”按钮，见图 1.1-27。

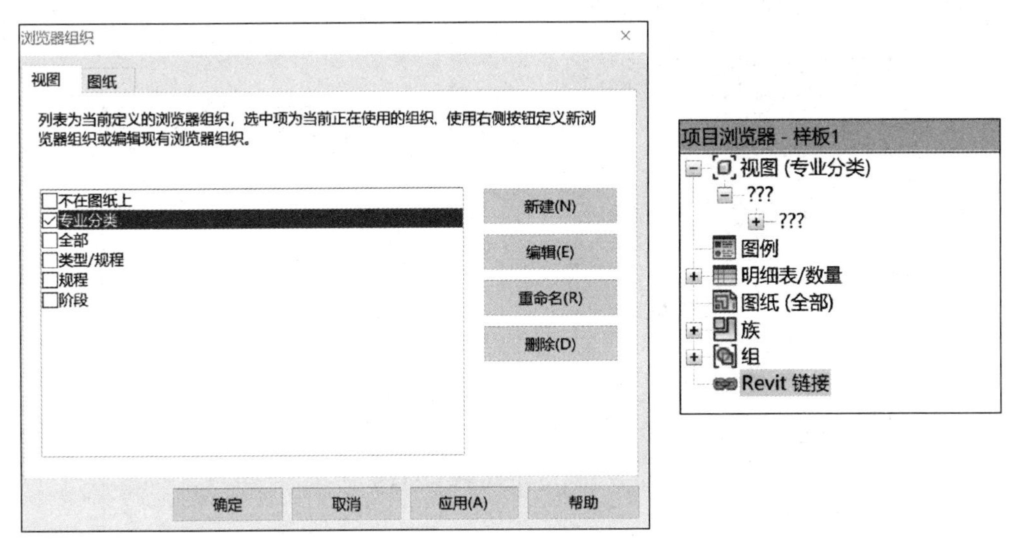

图 1.1-27　应用浏览器组织

添加了新的浏览器组织形式后，默认组织方式失效，视图（专业分类）组织显示为“???”，这是因为没有指定视图的专业和子专业参数值。下面以暖通为例来介绍视图参数值的添加方法。

第 9 步：创建平面视图。单击“视图”选项卡，在“创建”面板中点击“平面视图”，在弹出的对话框中，取消勾选“不复制现有视图”复选框，就能显示项目中的所有标高。然后选择需要创建视图的标高，单击“确定”按钮完成该平面视图的创建，见图 1.1-28。

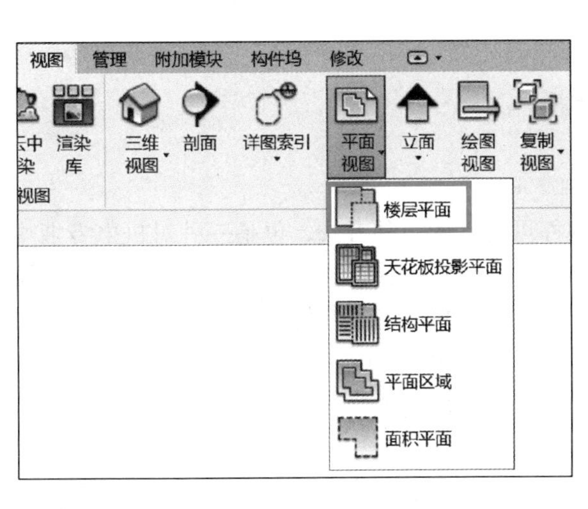

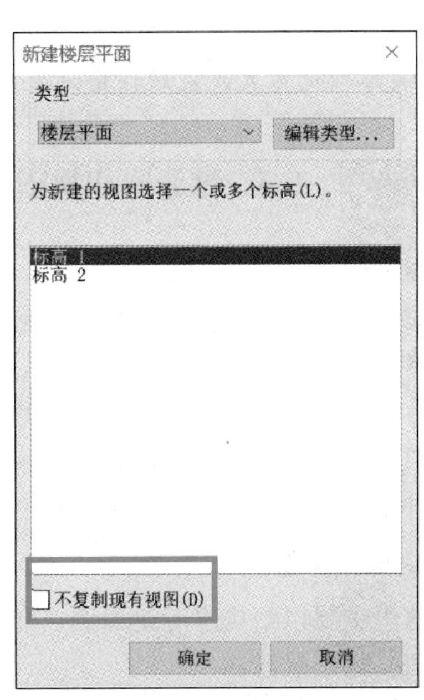

图 1.1-28　创建平面视图

第 10 步：指定专业参数值。在项目浏览器中选中新建的平面视图，在属性栏中将“视图样板”设置为“无”，并输入“专业”和“子专业”的名称，然后单击“应用”按钮将参数属性应用到视图中，见图 1.1-29。

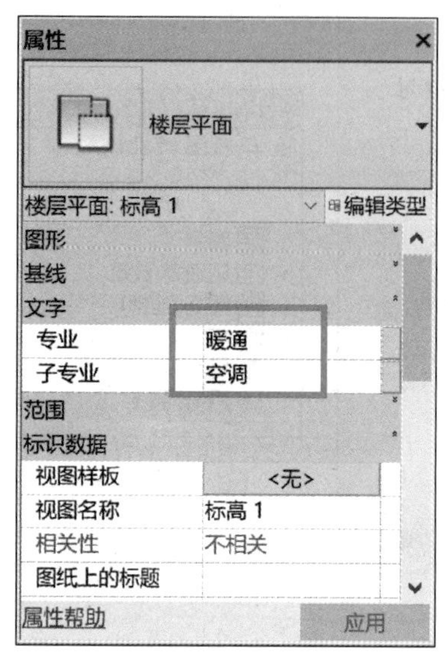

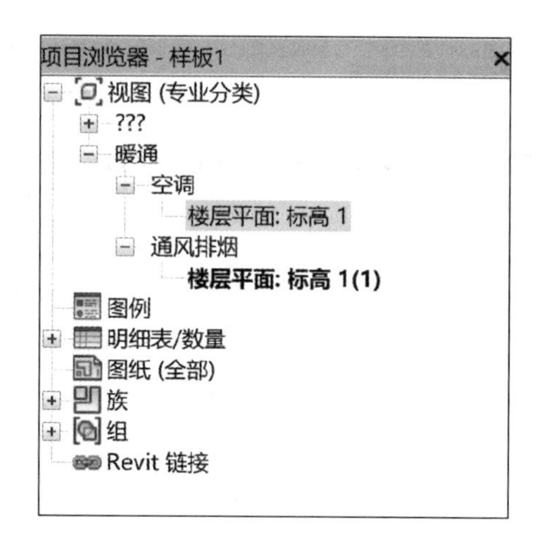

图 1.1-29 指定专业参数值

用同样的方式可以为其他专业创建平面视图，并给平面视图指定参数（剖面图、立面图、详图、三维视图的组织形式与平面视图一样），新建的参数可以任意指定文字内容，应用后在项目浏览器中视图就按照给定的参数进行分类排序。

注意

浏览器组织的方法较多，可以通过修改视图的类型名称来进行区分，也可以采用新建项目参数的方式定义软件中没有的专业类型，进而通过项目参数来区分。

过滤器和视图样板

1.5 过滤器和视图样板

1. 功能

过滤器是快速修改构件可见性的一种方式，也是一种对机电专业中各种管线进行分类的工具，并用不同颜色进行区分。视图样板是一系列视图属性，例如视图比例、规程、详细程度及可见性设置等，直接修改视图属性的方式只能设置当前视图属性，使用视图样板可以快速修改同类型视图的属性，可以确保遵循设计单位的标准，并实现施工图文档集的一致性。

2. 操作步骤

这里主要以给排水专业为例，介绍新建过滤器和视图样板的操作方法与技巧。

（1）创建过滤器

第 1 步：打开过滤器。在“视图”选项卡的“图形”面板中，单击“过滤器”命令，见图 1.1-30。展开过滤器列表后在对话框中显示了软件默认的一些过滤器，见图 1.1-31。也可以在“属性”面板中单击“可见性/图形替换”（或直接输入快捷键“VG”），进入“可见性/图形替换”对话框，切换到“过滤器”选项，点击下方的“编辑/新建”按钮，弹出“过滤器”对话框，见图 1.1-32。

图 1.1-30　过滤器命令

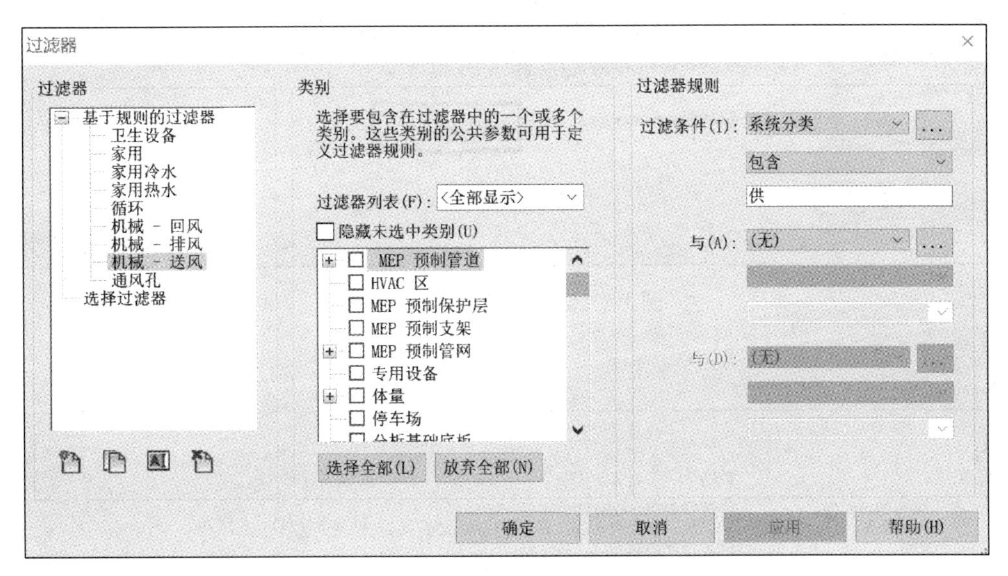

图 1.1-31　默认过滤器列表

第 2 步：新建过滤器。在“过滤器”对话框中单击左下方的“新建”按钮，并为新建的过滤器指定新的名称，例如“01P 生活给水管”，单击“确定”按钮。然后在过滤器列表中选择过滤器控制一类图元对象，例如管件、管道、管道附件等，单击“确定”按钮，见图 1.1-33。

第 3 步：添加过滤器。通过“可见性/图形替换”进入“过滤器”对话框后，单击左下角的“添加”按钮，进入“添加过滤器”对话框，选择刚新建的“01P 生活给水管”后单击“确定”按钮，见图 1.1-34。

第 4 步：编辑过滤器条件。选中“01P 生活给水管”过滤器，单击下面的“编辑/新建”按钮，在过滤器对话框中勾选要包含在过滤器中的类别，如管件、管道、管道附件等，待设置完成后这些类别会被着色，然后设置过滤规则条件，设置完毕后单击“确定”，见图 1.1-35。

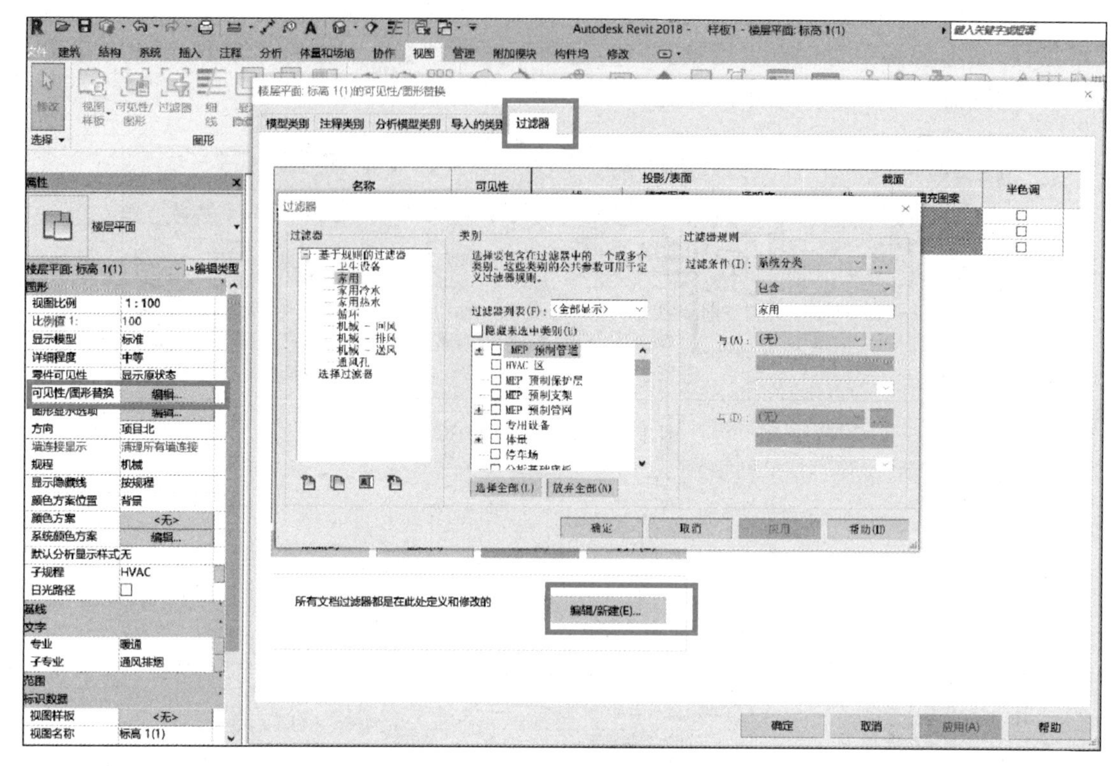

图 1.1-32　打开过滤器对话框

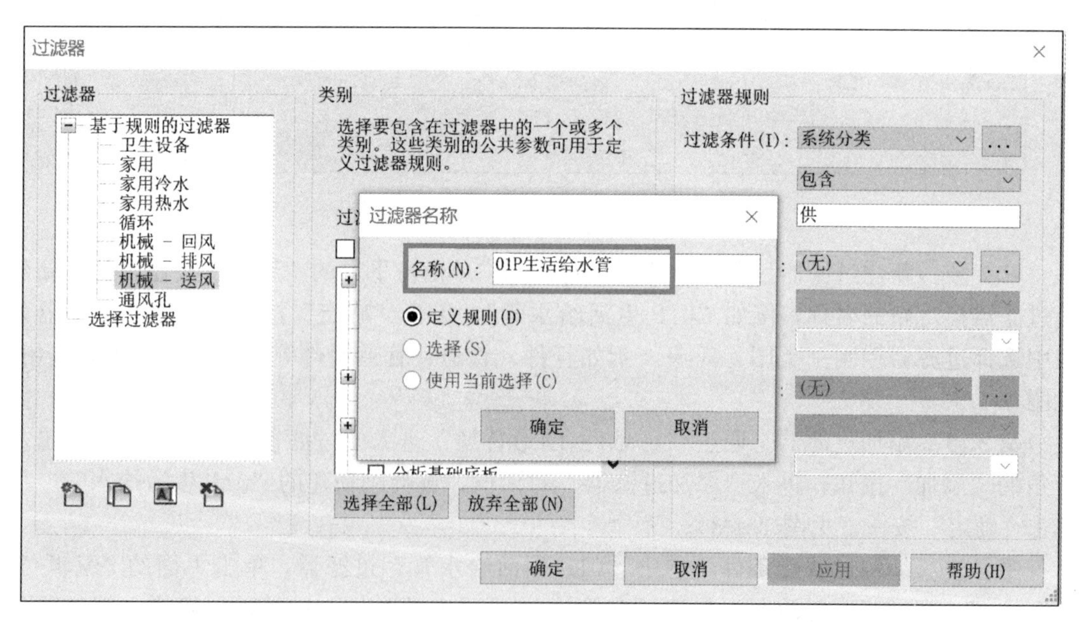

图 1.1-33　新建过滤器（一）

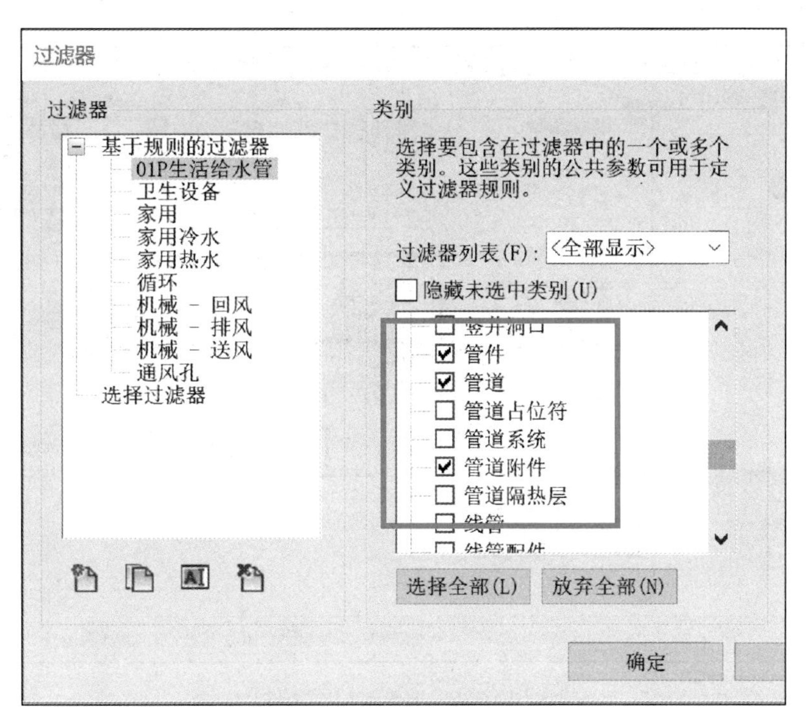

图 1.1-33　新建过滤器（二）

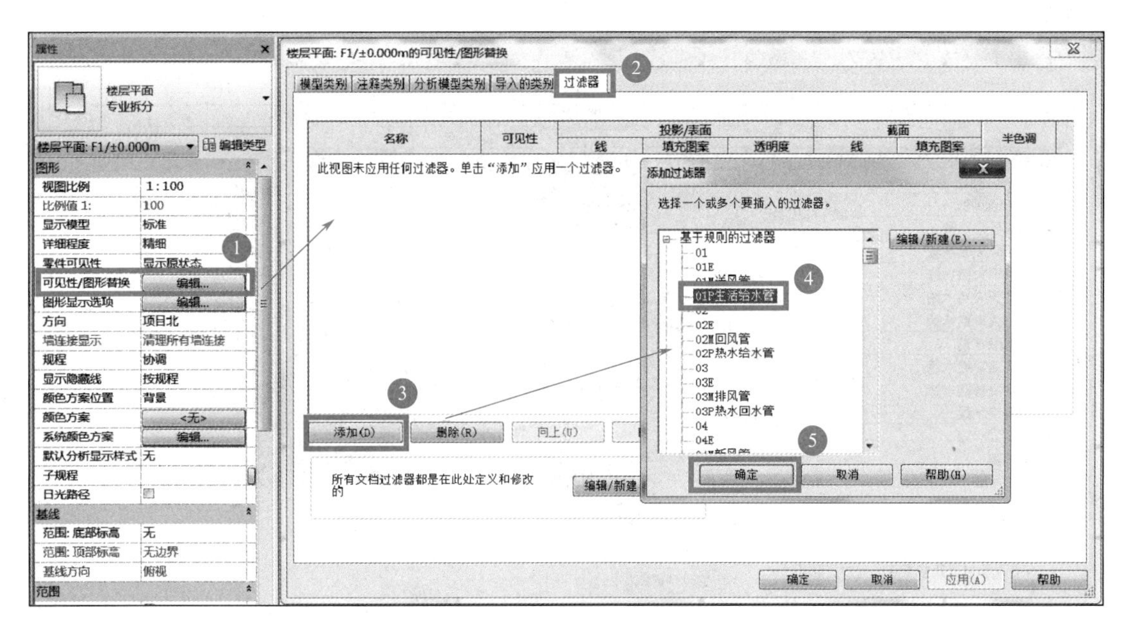

图 1.1-34　添加过滤器

第 5 步：设置过滤器填充颜色。在“01P 生活给水管”过滤器一栏，单击“投影/表面”下的填充图案，设置颜色为“RGB 000-170-221”，填充图案为“实体填充”，设置完毕后单击“确定”，见图 1.1-36。

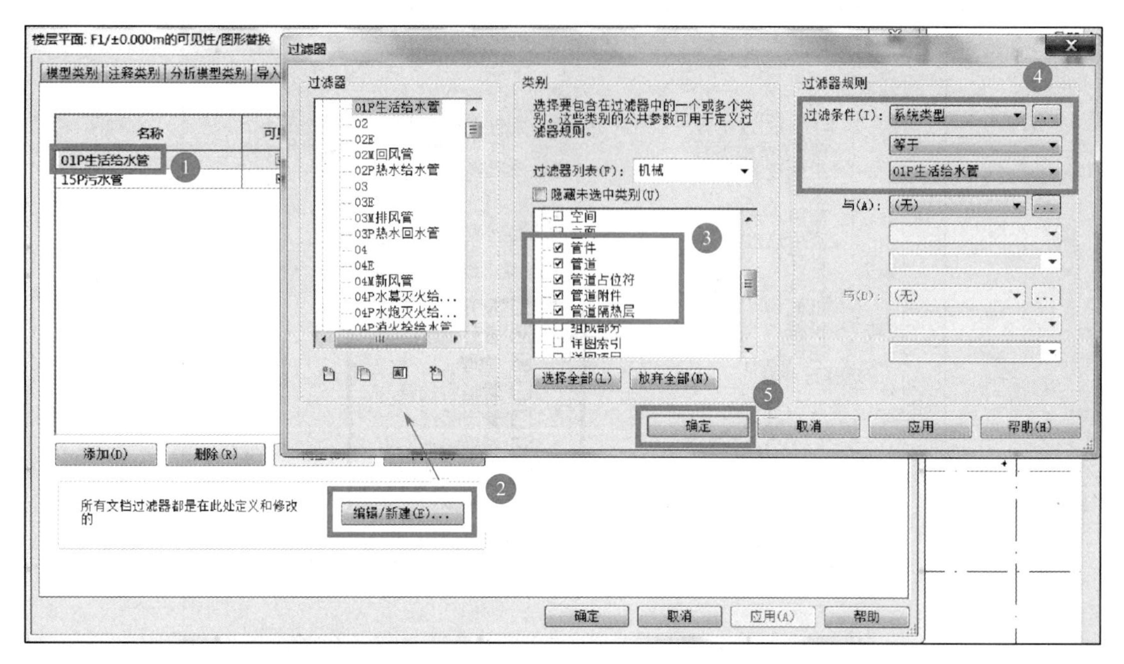

图 1.1-35　编辑过滤器条件

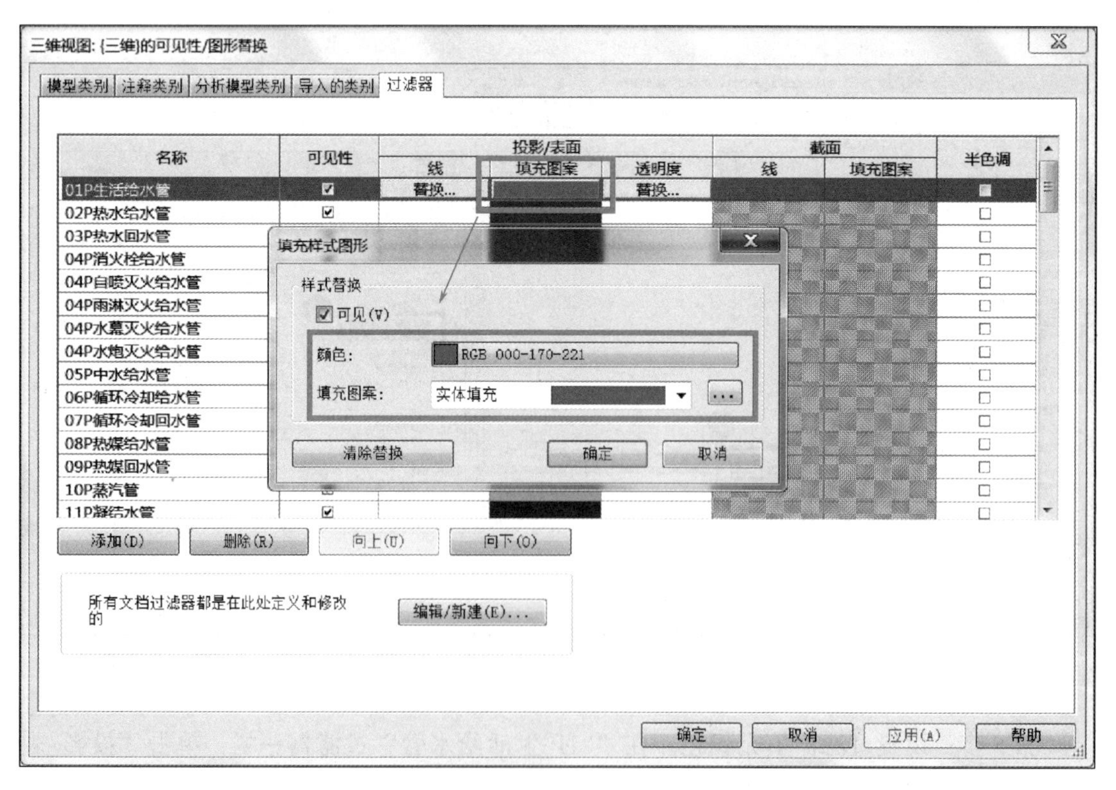

图 1.1-36　设置过滤器填充颜色

用同样方法可继续新建其他专业各系统的过滤器。新建完成的过滤器可以在“可见性/图形替换”中应用到当前视图，可以修改不同系统的颜色和可见性，见图 1.1-37。

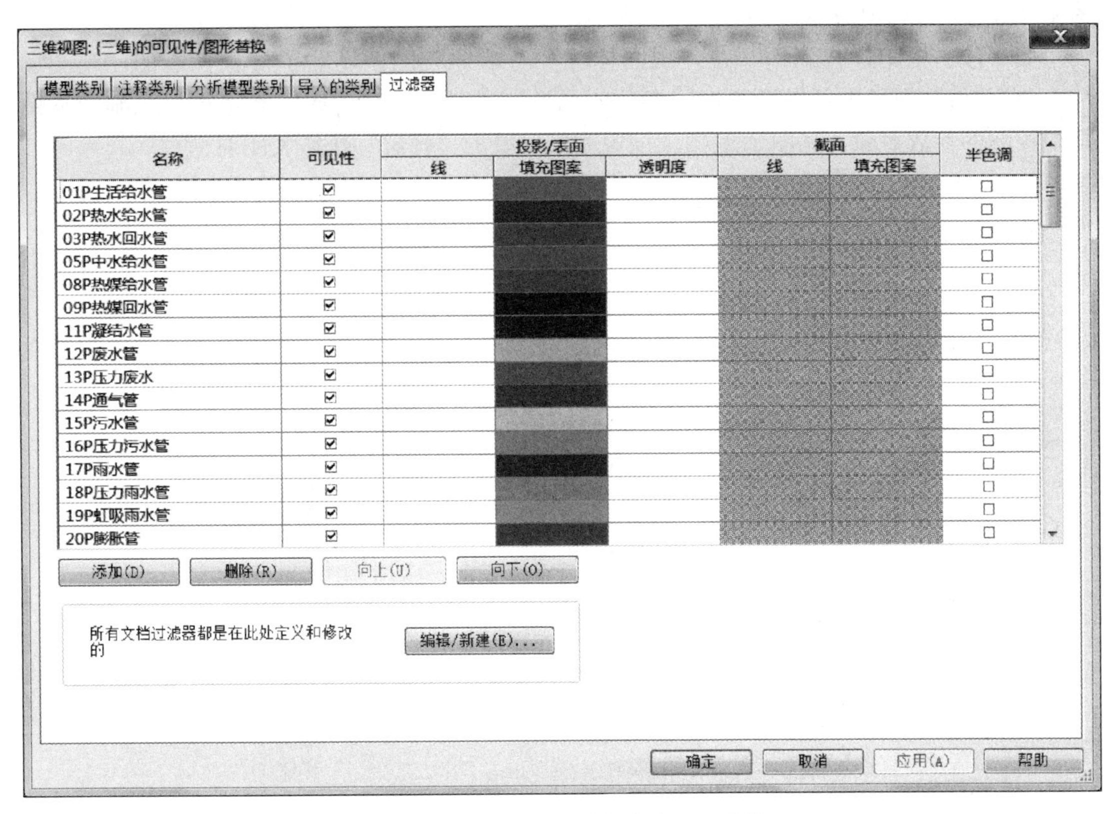

图 1.1-37　创建完成给排水专业过滤器

(2) 创建视图样板

第 1 步：新建视图样板。在“视图”选项卡的“图形”面板中，单击“视图样板”选项，然后在弹出的列表中选择“从当前视图创建样板”选项，在弹出的“新视图样板”对话框中，输入名称为“自定义视图样板”，见图 1.1-38。

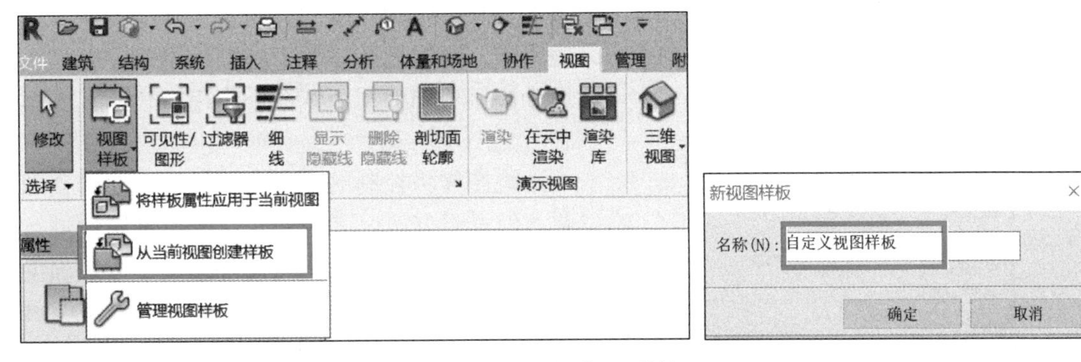

图 1.1-38　新建视图样板

第 2 步：编辑视图样板。在弹出的“视图样板”对话框中，可以看到视图中的样板类型。视图类型过滤器设置为“全部”则可以看到项目中全部的视图样板和视图。选择某一视图样板，下方的“复制”“重命名”“删除”按钮可以进行相应的操作，见图 1.1-39。

第 3 步：视图样板属性。在“视图样板”对话框右侧，显示了样板控制的“视图属性”。在“值”列表中可以设置不同参数的属性，通过选中“包含”复选框可以确定视图样板控制的参数对象，见图 1.1-40。设置完成后单击“确定”按钮关闭对话框。

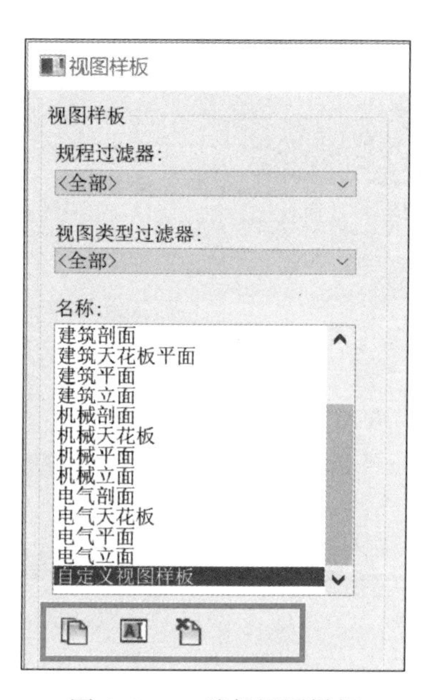

图 1.1-39　编辑视图样板

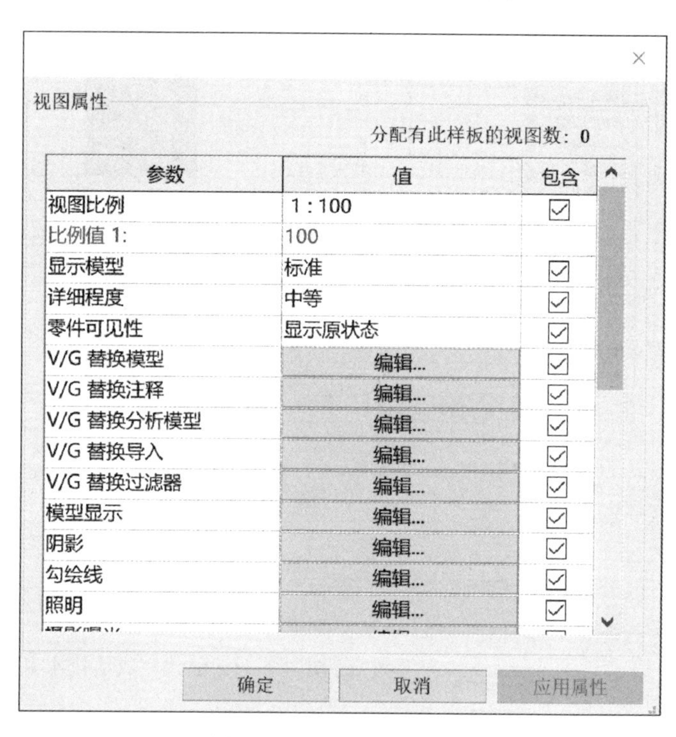

图 1.1-40　视图样板属性

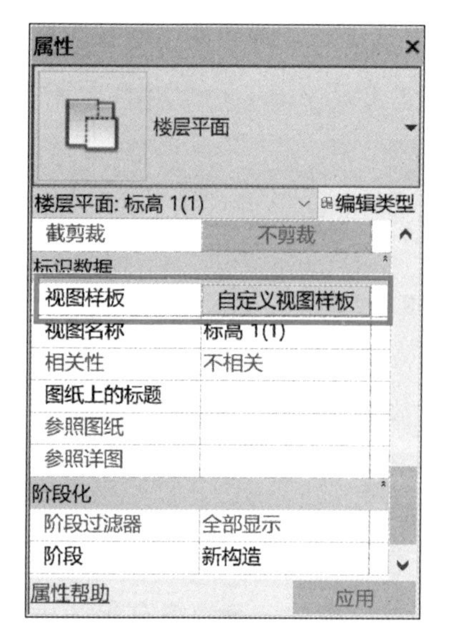

图 1.1-41　指定视图样板

第 4 步：应用视图样板。在“属性”栏单击“视图样板”后的选项，可以指定刚新建的视图样板，见图 1.1-41。也可以在“视图”选项卡下，通过视图样板下拉列表中的“将样板属性应用于当前视图”命令应用新建的视图样板，见图 1.1-42。

视图样板控制的视图内容只能在编辑视图样板时进行修改，无法通过修改实例属性进行修改。例如在新建视图样板时选择了详细程度为“精细”，没有选择视图比例，那么比例可以自由调整，但详细程度为灰色显示，不可编辑。如果需要单独修改，可以在属性栏将视图样板选项设置为“无”，然后才可以进行编辑。

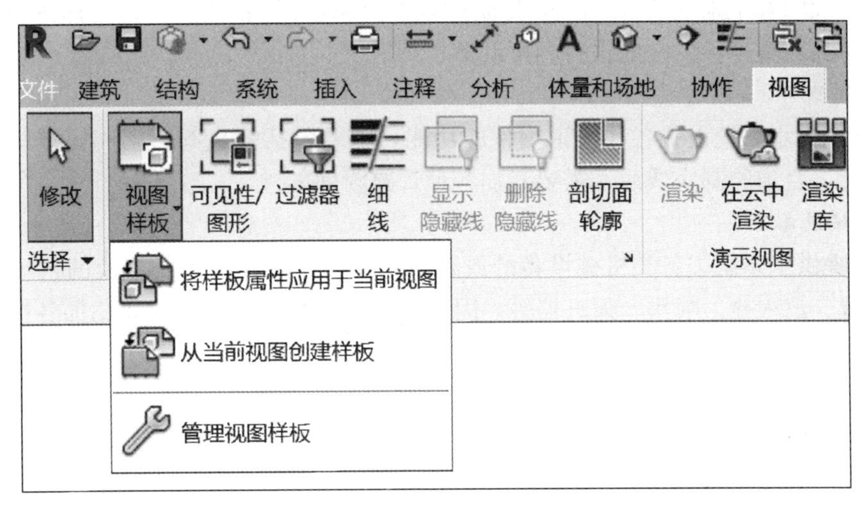

图 1.1-42　应用视图样板

任务 2　水系统建模

能力目标（表1.2-1）

水系统建模能力目标　　表 1.2-1

水系统建模能力	1. 水系统概述及图纸识读能力
	2. 管道系统设置能力
	3. 管道参数设置能力
	4. 管道绘制能力
	5. 管道附件及设备的添加能力

概念导入

1. Revit 水系统建模

水系统主要是指建筑给排水系统、空调水系统和供暖水系统，它们的媒介都是水，在运输水媒介的过程中主要靠管道来实施。Revit 水系统建模主要功能包括管道、管件、附件以及相关设备的绘制与连接。

2. 建筑给排水系统

建筑给排水系统是以合理利用与节约水资源、系统布置合理、外形美观实用和注重节能及环境保护为约束条件，实现生活给水、消防给水、生活排水、屋面雨水排水、热水供应等功能的综合性系统。

3. 空调水系统

空调水系统分为冷冻水、冷却水、冷凝水等系统，管道中的冷、热水通过水泵压力输送至室内空间的各个末端装置，冷热水通过风盘中的翅片与室内空气进行热量交换，产生冷热风，从而对整个室内空间进行温度调节。

4. 管道附件

Revit 提供水系统设置各种管道附件的功能，主要包括截止阀、闸阀、排气阀等各类阀门。因此，管道绘制完成后，需要添加各种管路附件。

5. 机械设备

Revit 提供水系统中各类机械设备的放置与编辑。在水系统中所涉及的机械设备主要有卫浴装置、消火栓、喷头、灭火器等。因此，管道绘制完成后，需要添加各种设备，并与管道进行连接。

子任务清单（表1.2-2）

子任务清单　　表 1.2-2

序号	子任务项目	备注
1	水系统概述及图纸识读	建筑给排水系统、空调水系统、供暖水系统
2	设置管道系统	新建管道系统、设置系统材质
3	设置管道参数	新建管段、布管系统配置
4	绘制水系统管道	立管、横管、变截面管道、带坡度管道
5	添加管道附件及设备	阀门、卫生器具、消火栓、喷头等

任务分析

本任务内容主要为水系统建模，包括管道系统设置，管道类型设置，管道的绘制，管道管件、附件及设备的添加等，是 Revit 设备建模的主要任务之一，每个使用者都必须牢固掌握。

2.1　水系统概述及图纸识读

这里的水系统主要是指建筑给排水系统、空调水系统和供暖水系统。建筑给排水系统是以合理利用与节约水资源、系统布置合理、外形美观实用和注重节能及环境保护为约束条件，实现生活给水、消防给水、生活排水、屋面雨水排水、热水供应等功能的综合性系统。空调水系统分为冷冻水、冷却水、冷凝水等系统，管道中的冷、热水通过水泵压力输送至室内空间的各个末端装置，冷热水通过风盘中的翅片与室内空气进行热量交换，产生冷热风，从而对整个室内空间进行温度调节。供暖水系统就是以热水作为热媒的供暖系统，热水经供水立管和水平供水管分配给多组散热器，热交换后的回水自每个散热器直接沿水平回水管和回水立管流回热源的系统。

建筑给排水系统、空调水系统和供暖水系统的媒介都是水，在运输水媒介的过程中主要靠管道来实施，所以在水系统模型的创建中主要都是管道系统设置、管道类型设置、管道的绘制、管道附件及设备的添加等。

对水系统施工图正确识读，是准确建立 Revit 水系统模型的重要前提。一套完整的水施图，应包括图纸目录、设计与施工说明、设备材料表、平面图、系统图以及详图等。以识读建筑给排水施工图为例，应将给水图和排水图分开识读。给水图要按水源、管道和用水设备的顺序，先看平面图，再看系统图，初看储水池、水箱及水泵等设备的位置，分清系统的给水类型，再参照各图弄清管道走向、管径、坡度和坡向等参数以及设备型号、位置等参数内容；排水图要按卫生器具、排水支管、排水横管、排水立管和排水管的顺序，同样从平面图开始，再根据系统图分清排水类型，最后综合各图识读系统的参数。

（1）建筑给排水平面图识读内容包括：卫生器具、用水设备和升压设备的类型、数量、安装位置及定位尺寸；引入管和污废水排出管的平面位置、走向、定位尺寸、系统编号以及与室外官网的布置位置、连接形式、管径和坡度；给排水立管、水平干管和支管的管径、在平面图上的位置、立管编号以及管道安装方式；管道配件的型号、口径大小、平面位置、安装形式及设置情况等。

（2）建筑给水系统图可从室外水源引入着手，顺着管路走向依次识读各管路及所连接的用水设备，或者逆向进行，从任意一用水点开始，顺着管路逐个弄清管道和所连接的设备位置、管径变化以及所用管件附件等内容；建筑排水系统图可按照卫生器具或排水设备的存水弯、器具排水管、排水横支管、排水立管和排出管的顺序，依次弄清存水弯形式、排水管道走向、管路分支情况、管径尺寸、各管道标高、各横管坡度、通气系统形式以及清通设备位置等内容。

2.2 管道系统设置

管道系统设置

1. 功能

Revit 软件中将彼此连接的管道及管件、附件看作一个“管道系统”，为了更方便地对模型进行管理与显示，在创建管道时需要先定义管道系统。管道系统默认的分类有：家用冷水、家用热水、卫生设备、干式消防系统、湿式消防系统、预作用消防系统、其他消防系统、循环供水、循环回水、通风孔、其他。不同专业的管道对应不用的管道系统分类，提前为管道创建好系统类型，在建模时可直接使用，提高建模效率，见表 1.2-3。

管道系统分类　　表 1.2-3

管道系统名称	专业类别	管道系统名称	专业类别	管道系统名称	专业类别
冷、热水供、回水管	暖通	排烟	暖通（消防）	污水-重力管	给排水
冷冻水供、回水管	暖通	排风	暖通（通风）	污水-压力管	给排水
冷却水供、回水管	暖通	新风	暖通（通风）	废水-重力管	给排水
热水供、回水管	暖通	正压送风	暖通（消防）	废水-压力管	给排水
冷凝水管	暖通	空调回风	暖通	雨水管	给排水
冷媒管	暖通	空调送风	暖通	厨房排油烟	消防
空调补水管	暖通	消火栓管	给排水（消防）	强电桥架	建筑电气
通气管	暖通	气体灭火系统	给排水（消防）	弱电桥架	建筑智能化
软化水管	暖通	生活给水	给排水	消防桥架	建筑智能化
送风/补风	暖通	热水给水	给排水		

2. 操作步骤

管道系统分类用户是无法更改的，只能在某一分类下建立系统类型。

第 1 步：创建管道系统。在“项目浏览器”中选择一个系统分类，通过“复制”和“重命名”即可创建一个新的系统类型，如“01 生活给水系统”。具体操作步骤在前面任务 1 的“1.4 定制项目样板”中已详细介绍，这里不再重复。

第 2 步：设置管道系统线图形。鼠标双击刚新建的“01 生活给水系统”，弹出“类型属性”对话框，单击图形替换后面的“编辑”按钮，弹出“线图形”对话框，可以设置给水系统管道显示的线宽度、颜色以及填充图案，如图 1.2-1 所示。

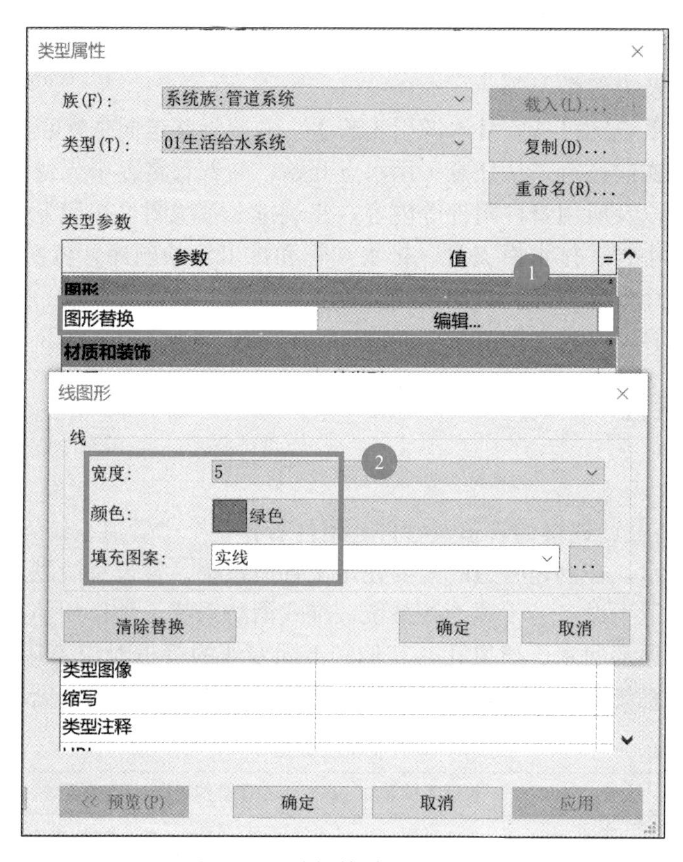

图 1.2-1　编辑管道系统线图形

第 3 步：设置管道系统材质。在“类型属性”对话框中单击“材质”后面的“按类别”，点击按钮后弹出“材质浏览器”对话框，在材质类型列表中新建材质，并将其命名为“01 生活给水系统颜色”，点击右边“外观”选项，在“颜色”一栏选择要定义的颜色，如“RGB 0 255 0”，完成后单击“确定”，如图 1.2-2 所示。

用同样方法，可继续自定义创建“家用热水”“生活污水”“空调凝结水”等其他管道系统类型。

在水系统建模过程中，只要彼此有物理连接的管道、附件等，其系统类型均是统一的，修改其中某一段管道的系统类型，与之连接的其他管道、附件均会同步变化。

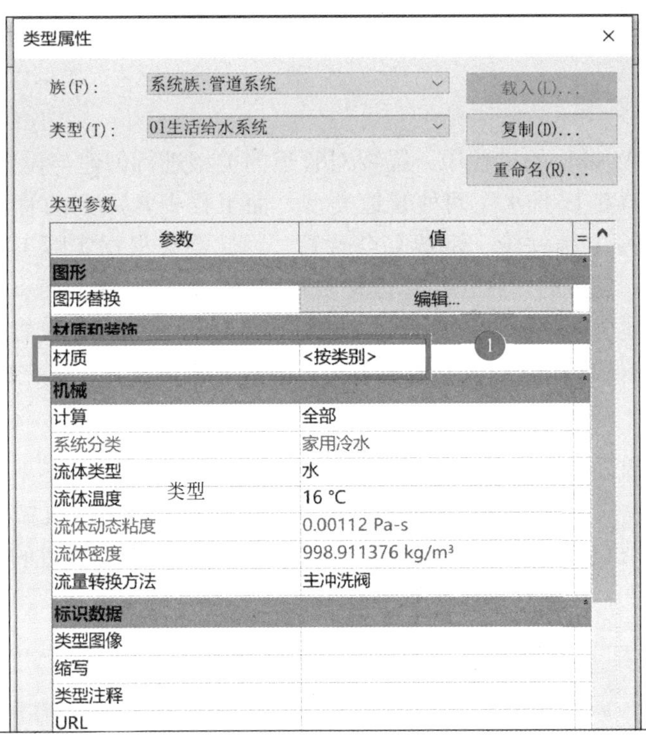

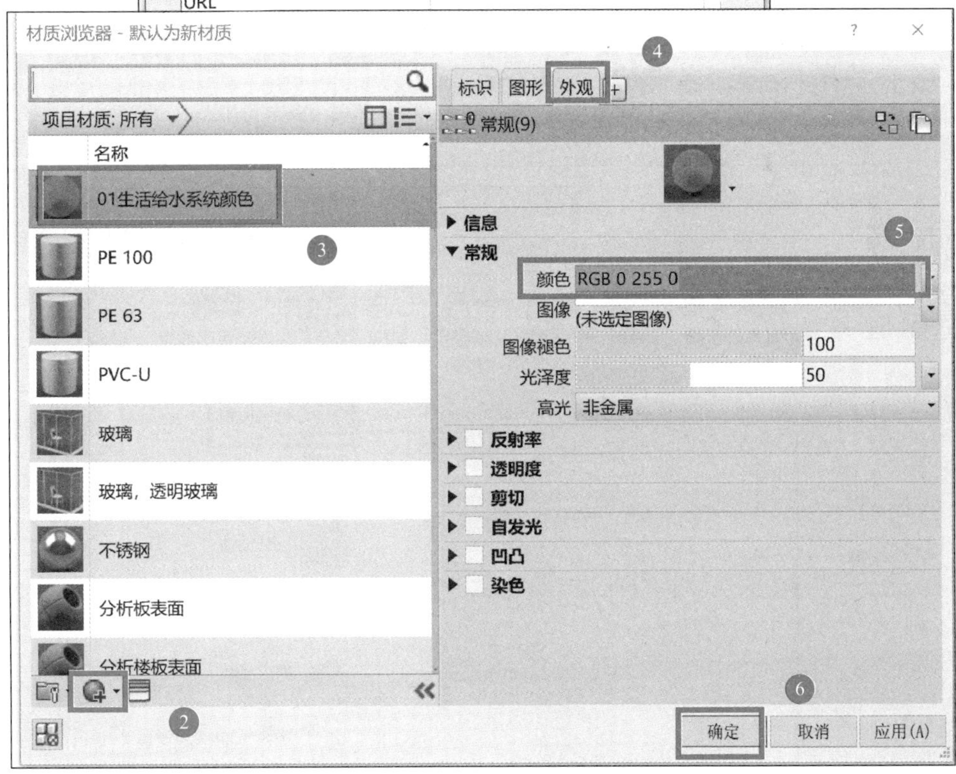

图 1.2-2　编辑管道系统的材质

2.3 管道参数设置

1. 功能

在创建水系统 BIM 模型的过程中，需要对管道的类型进行创建与设置。Revit 软件默认自带“标准”和“PVC-U-排水”两种管道类型，而工程中常用到的管道类型还应细分为 PPR、PE、镀锌钢管、铸铁管、钢塑复合管等，因此需要根据实际工程创建各种管道类型并对其进行设置，设置的内容包括管道材质和规格、管道尺寸、相应管件等。

为了发挥参数化建模的优势，创建管道之前还需要进行一些预先设置，以提高水系统建模的工作效率。在 Revit 中，部分基础参数可以通过“机械设置”来完成。

2. 操作步骤

第 1 步：基础参数设置。选择“系统”选项卡，单击“机械设备”下方的“机械”按钮，或者选择“管理”选项卡，在“MEP 设置”下拉列表中单击“机械设置”命令，见图 1.2-3。在弹出的“机械设置”对话框中选择“管道设置”，可对管道的角度、转换、管段和尺寸、流体、坡度、计算等基础参数进行设置，见图 1.2-4。

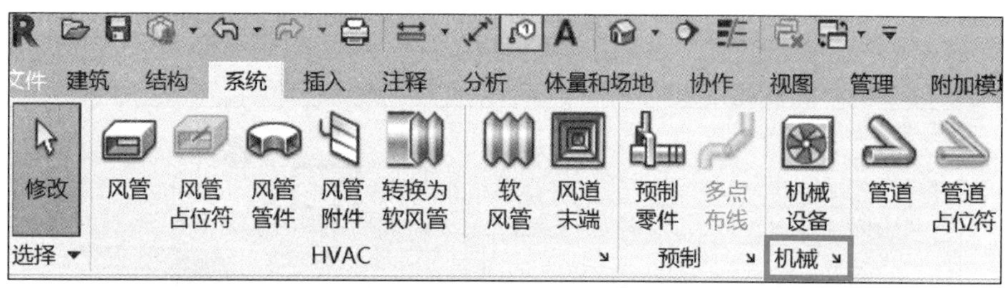

管道参数设置

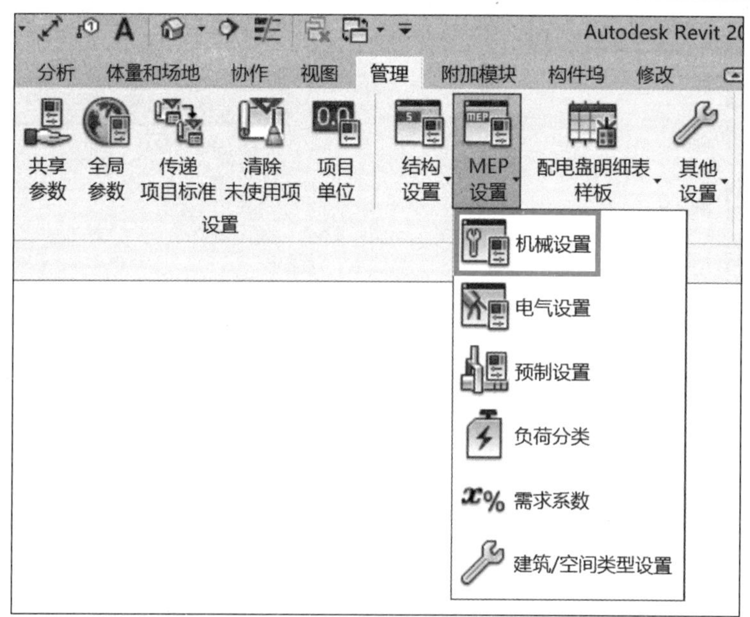

图 1.2-3　机械设置

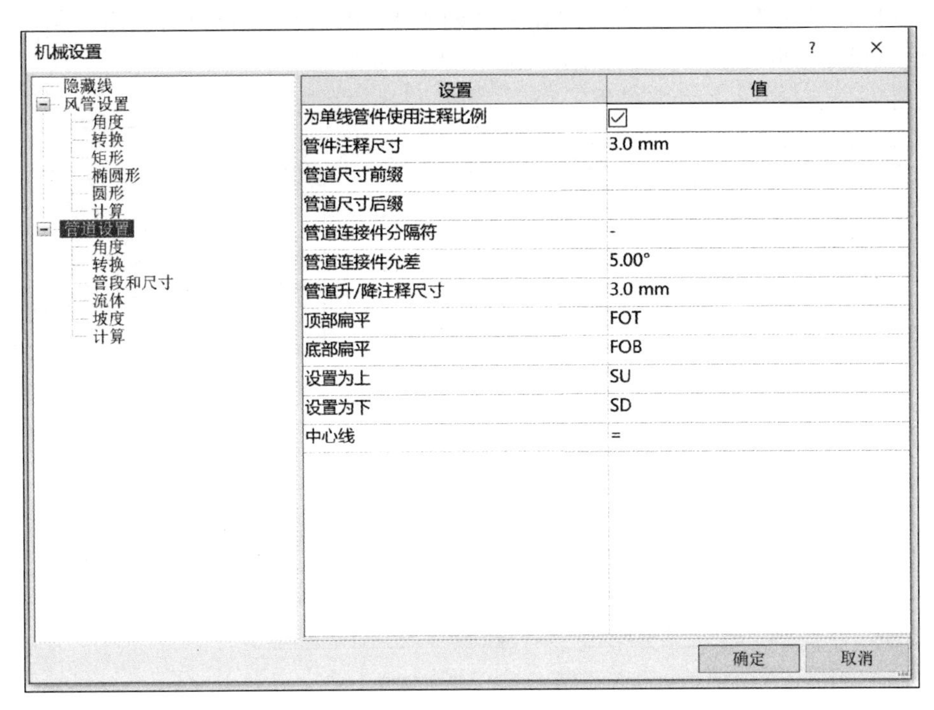

图 1.2-4　管道设置

【角度】指定在添加或修改管道时要使用的管道角度。通常管线横竖布置得都很规范，一般选择“使用特定的角度”，比如 90°、45°，特殊情况下可以选择“使用任意角度”，见图 1.2-5。

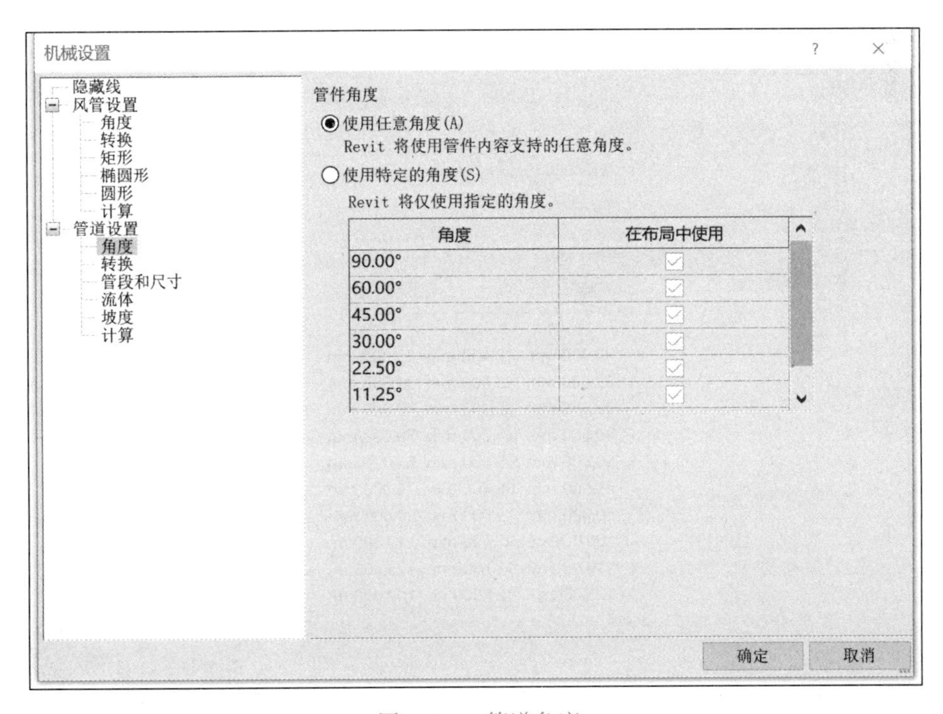

图 1.2-5　管道角度

【坡度】管道的坡度大小将会出现在坡度列表中，便于绘制管道时调用。用户也可以新建坡度，根据需要自定义坡度大小，见图 1.2-6。

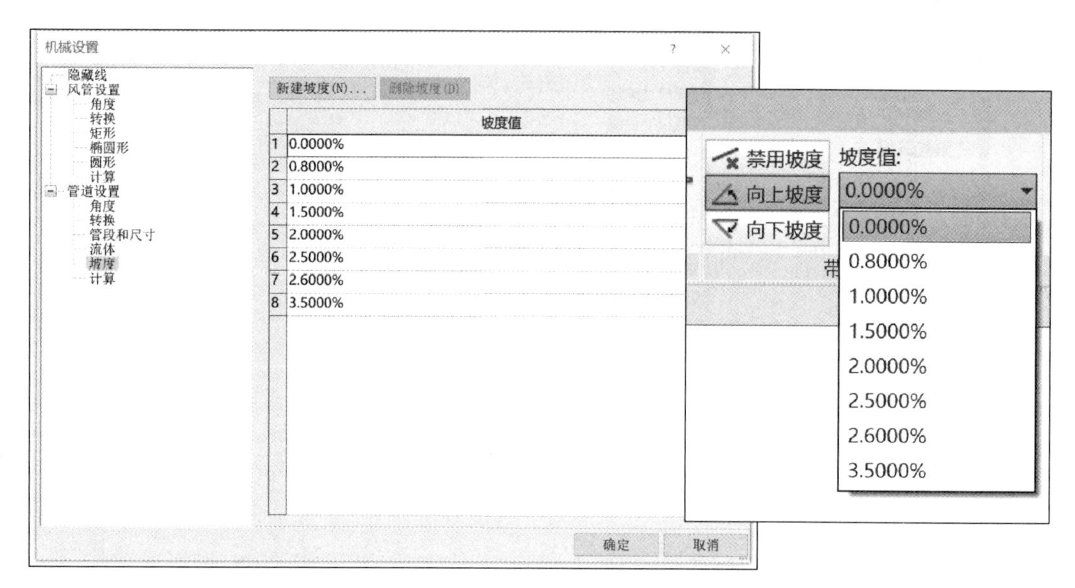

图 1.2-6　管道坡度

【管段和尺寸】这是 Revit 一个重要的概念，包含管道材料、管径、粗糙度几个要素。软件列表中列出了一些基本的管段，包含水暖管道的管材、规格及标准。尺寸目录包含管道的公称直径、ID、OD 值，可以用于尺寸列表或调整大小，便于创建管道实例时选择，如果尺寸不满足需求，还可以自行增减，见图 1.2-7。

机械设置

隐藏线
风管设置
角度
转换
矩形
椭圆形
圆形
计算
管道设置
角度
转换
管段和尺寸
流体
坡度
计算

管段(S)：PE 63　GB/T 13663　0.6 MPa

属性

粗糙度(R)：0.00200 mm

管段描述(T)：

尺寸目录(A)

新建尺寸(N)...　删除尺寸(D)

公称	ID	OD	用于尺寸列表	用于调整大小
20.000 mm	20.400 mm	25.000 mm	☑	☑
25.000 mm	27.400 mm	32.000 mm	☑	☑
32.000 mm	35.400 mm	40.000 mm	☑	☑
40.000 mm	44.200 mm	50.000 mm	☑	☑
50.000 mm	55.800 mm	63.000 mm	☑	☑
65.000 mm	66.400 mm	75.000 mm	☑	☑
80.000 mm	79.800 mm	90.000 mm	☑	☑
100.000 m	97.400 mm	110.000 m	☑	☑
110.000 m	110.800 m	125.000 m	☑	☑
125.000 m	124.000 m	140.000 m	☑	☑

确定　取消

图 1.2 7　管段和尺寸

第 2 步： 新建管段。为了适应实际工程设计的要求，当 Revit 软件自带的基本管段中没有我们所需要的管段可供选择时，用户可以自定义新建管段，以新建材质为“内外热镀锌钢管”的管段为例：

在“机械设置”对话框中，选择“管段与尺寸”，先选择“管段”为“钢塑复合-CECS 125”，然后点击右边的“新建管段”符号，在弹出的“新建管段”对话框中选择“材质”命令，单击材质栏后面的按钮，在弹出的材质浏览器中新建材质，并重命名为“内外热镀锌钢管”，点击“确定”将其添加，最后在“新建管段”对话框及“机械设置”对话框中继续单击“确定”按钮，完成“内外热镀锌钢管”管段的新建，见图 1.2-8。

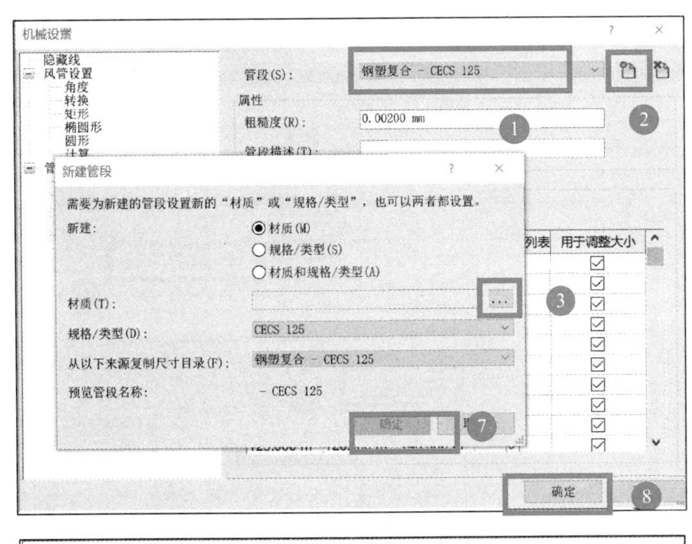

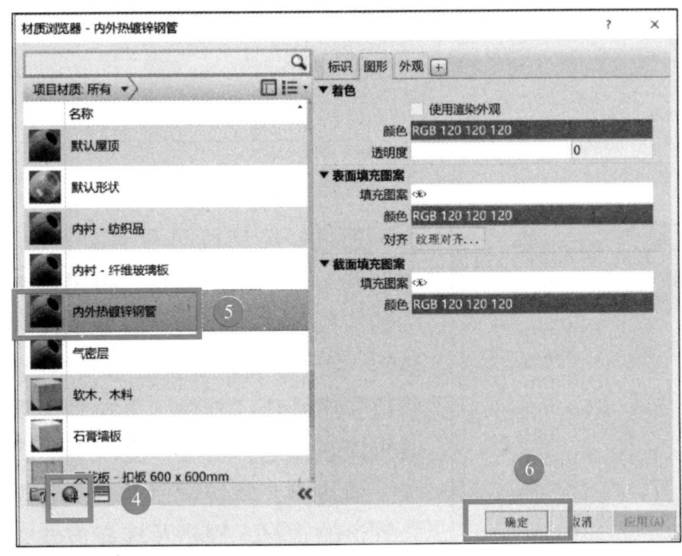

图 1.2-8　新建管段

第 3 步： 新建管段尺寸。当系统自带的管段尺寸不能满足需求时，可点击“新建尺寸”按钮来添加新的管段尺寸，新建管道的公称直径和现有列表中管道的公称直径不允许重复。

选择“管理”选项卡，在“MEP设置”下拉列表中单击“机械设置”命令，在弹出的“机械设置”对话框中选择左侧面板“管道设置”下的“管段和尺寸”，右侧面板上可对管段进行“新建尺寸”和“删除尺寸”操作。以新建“内外热镀锌钢管-CECS 125”管段的DN200尺寸为例：

点击“尺寸目录”下方的“新建尺寸”，在弹出的“添加管道尺寸”对话框中设置“公称直径”为200mm，“内径”为198mm，“外径”为219mm，单击“确定”按钮即可完成DN200管道尺寸的添加，见图1.2-9。如果在绘图区域已经绘制了某尺寸的管道，该尺寸在“机械设置”尺寸列表中将无法删除，需要先删除项目中的管道后才能删除列表中的尺寸。

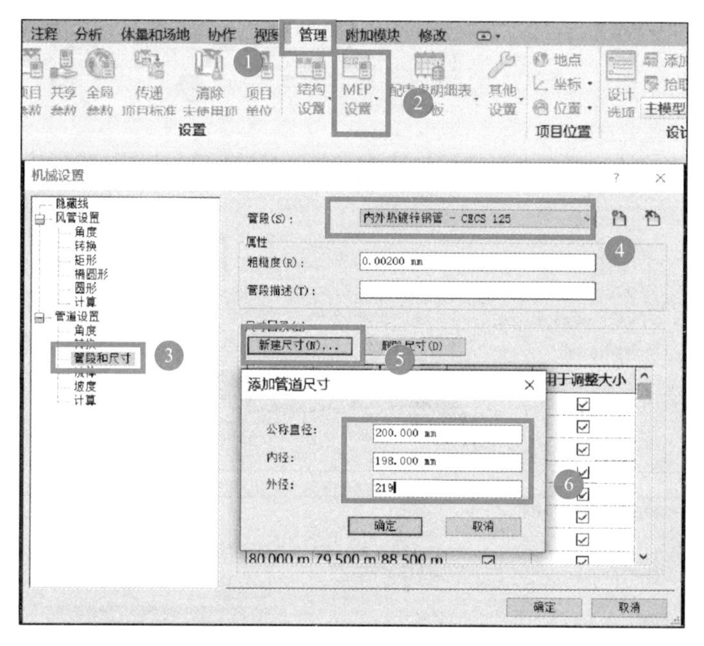

图1.2-9 新建管段尺寸

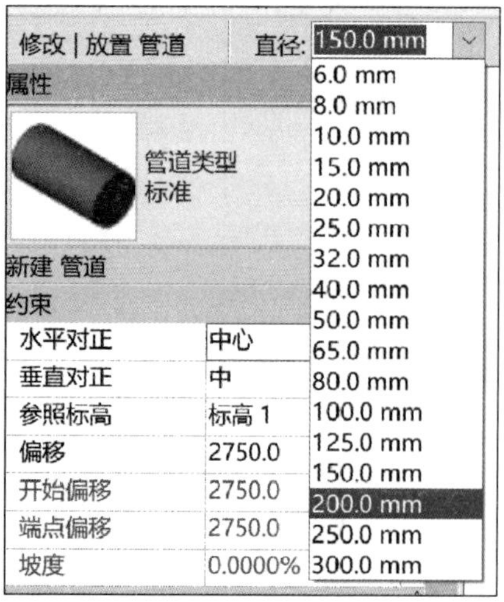

通过勾选管段公称直径后面的“用于尺寸列表”和“用于调整大小”可以调节管道尺寸在项目中的应用。如果勾选一段管道尺寸的“用于尺寸列表”，该尺寸可以被管道布局编辑器和“修改|放置管道”中管道“直径”下拉列表调用，在绘制管道时可以直接选择尺寸，见图1.2-10。

图1.2-10 新建管段尺寸应用

第4步：新建管道类型。管道类型主要用来设置管道的管材、规格及连接方式，这就直接决定了后续管道模型的绘制效果及工程量统计结果。以新建“生活给水管”为例：

选择“项目浏览器”面板中的“族”→“管道”→“管道类型：标准”，单击鼠标右键，在弹出的菜单中选择“复制”选项，创建新的管道类型为“标准 2”，并将其“重命名”为“生活给水管”，见图 1.2-11。

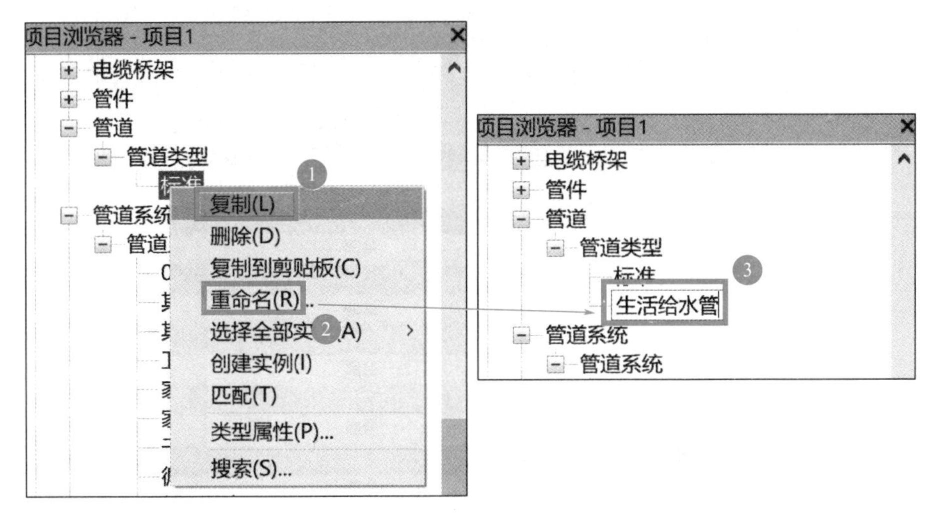

图 1.2-11　新建管道类型

第 5 步：布管系统配置。进入“系统”→“管道”命令，在属性面板中选择自定义的“生活给水管”类型，单击“编辑类型”打开“类型属性”对话框，或在项目浏览器中用鼠标双击刚新建的“生活给水管”，弹出管道“类型属性”对话框，点击“布管系统配置”后面的“编辑”按钮，可对管段和管件进行设置，见图 1.2-12。

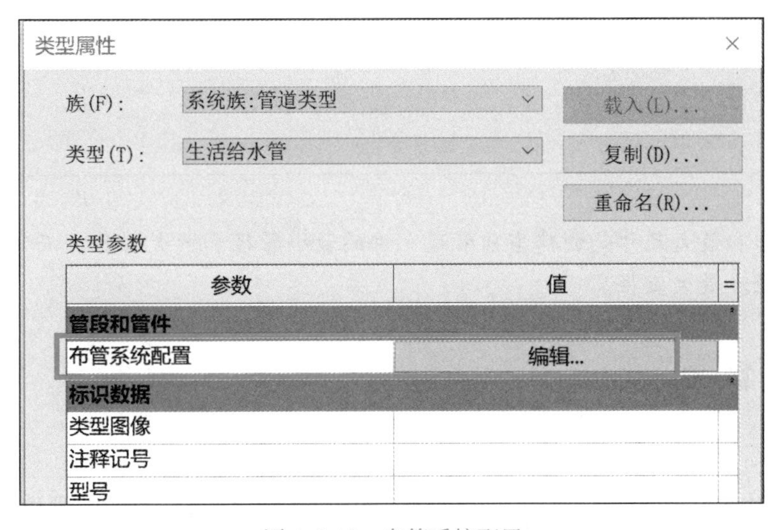

图 1.2-12　布管系统配置

在“布管系统配置”对话框中，单击“管段”展开下拉列表选择合适的管段，如选择“钢塑复合 - CECS 125”，设置最小尺寸和最大尺寸。在构件列表中依次单击“弯头”“首选连接类型”“连接”“四通”“过渡件”“活接头”“法兰”“管帽”等展开下拉列表选择合适的连接管件，管件的尺寸设置一般可以直接选择“全部”。如果管件下拉列表中没有合适的管件类型，可以使用“载入族”命令，将需要的管件族载入项目中，见图 1.2-13。

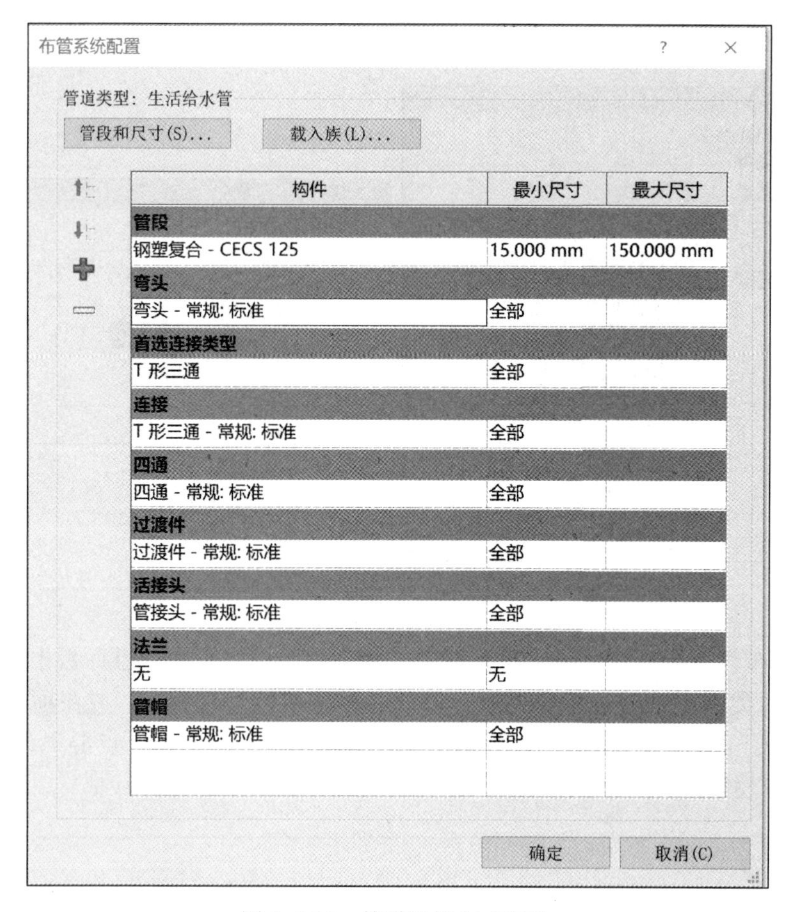

图 1.2-13　管道连接方式配置

注意

最小尺寸和最大尺寸是创建当前管道允许的最小管径和最大管径，而不是该管段类型的最小直径和最大直径。

2.4　管道绘制

1. 功能

管道绘制主要包括横管绘制、立管绘制、变截面管道绘制、带坡度管道绘制、管道对齐、管道连接等，是水系统建模部分的核心内容，需要学员重点掌握。绘制管道在平面视图、立面视图、剖面视图和三维视图中均可进行。

2. 操作步骤

第 1 步：设置管道实例属性。选择“系统”选项卡“卫浴和管道”面板中的“管道”命令，或直接输入管道快捷键“PI”，进入管道绘制模式，见图 1.2-14。

在“属性”栏选择合适的管道类型，设置实例参数，见图 1.2-15。管道的实例参数包括偏移、直径、对正方式等，其含义及设置要求如下。

图 1.2-14 管道绘制命令

管道绘制

图 1.2-15 管道的实例参数

【水平对正】分为中心、左、右对正三种情况，一般选择中心对正。

【垂直对正】分为中、底、顶对正三种情况，一般选择中对正，排水管道可以选择底对正。

【参照标高】管道偏移的参照基准面，一般以所在楼层为参照。

【偏移】绘制管道的安装高度，直接输入即可。无论选择哪种垂直对正方式，偏移均定位在管道中心线处。偏移量正值表示在参照标高以上，负值表示在参照标高以下。

【直径】控制绘制管道的规格，列表中的选项值通过“机械设置”中的“管段和尺寸”预设后，可以直接选择，具体的设置方法在前面“2.3 管道参数设置”中已介绍。

第 2 步：设置管道绘制规则。在执行管道绘制命令时需要遵守一定的创建规则，当进入“管道”命令后，上下文选项卡会有如图 1.2-16 所示选项。

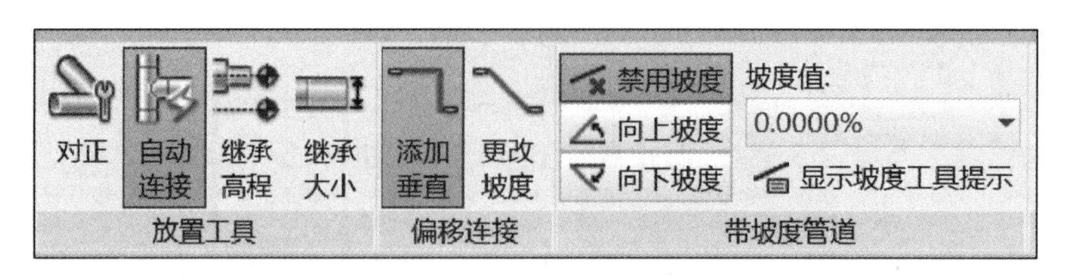

图 1.2-16　管道绘制规则

【自动连接】相同标高的管道如果发生交叉碰头时，可以自动连接在一起，否则会作为碰撞点处理，见图 1.2-17。Rcvit 进入“管道”命令后一般默认启动“自动连接”。

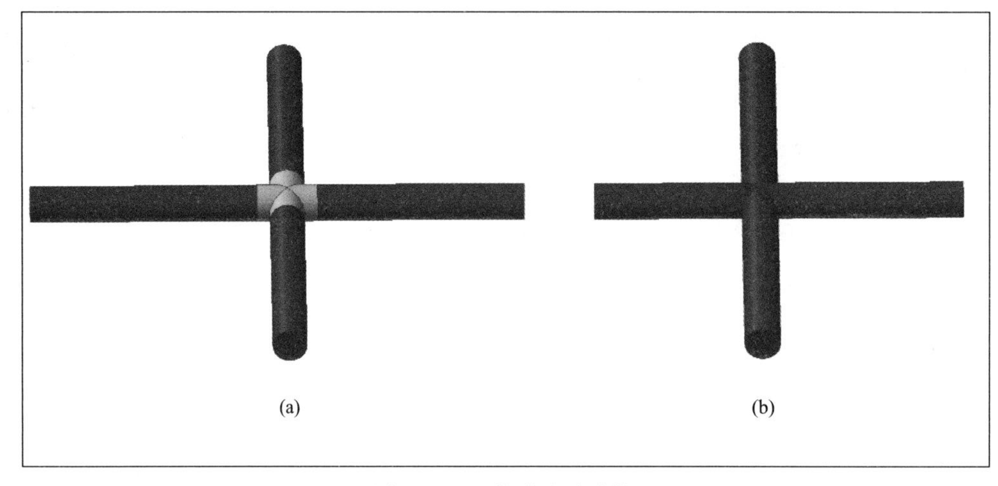

图 1.2-17　管道自动连接

（a）开启自动连接；（b）关闭自动连接

【继承高程】绘制的管道与所捕捉管道具有相同的高程，否则按照设定的偏移量绘制，并借助立管进行连接。绘制重力排水管道与已有管道连接时，需要开启“继承高程”，否则系统会报错。

【继承大小】绘制的管道与所捕捉管道具有相同的管径大小，否则按照设定的管径绘制，并借助过渡件进行连接，一般用于在主管上绘制支管。

【带坡度管道】分为禁用坡度、向上坡度、向下坡度三种情况，Revit 进入“管道”命令后一般默认启动“禁用坡度”。绘制重力排水管道时要根据要求选择向上坡度或向下坡度。

第 3 步：横管绘制。进入“管道”绘制命令后，在属性栏选择所需要绘制的管道类型，如“生活给水管”，在“系统类型”中选择所对应的系统类型，如“01 生活给水系统”，管道的实例参数“水平对正”和“垂直对正”都分别选择默认的“中心”和“中”对正，在“修改 | 放置管道”选项栏“直径”中的下拉列表中选择或手动输入所需管道的直径大小，如 150mm，在“偏移”中的下拉列表中选择或手动输入所需管道的偏移量大小，如 2750mm。

完成以上参数设置后，将鼠标指针移动至绘图区域，在所需位置单击即指定横管的起点，移动鼠标指针至终点位置再次单击，即完成横管的绘制，见图 1.2-18。按“Esc”键，

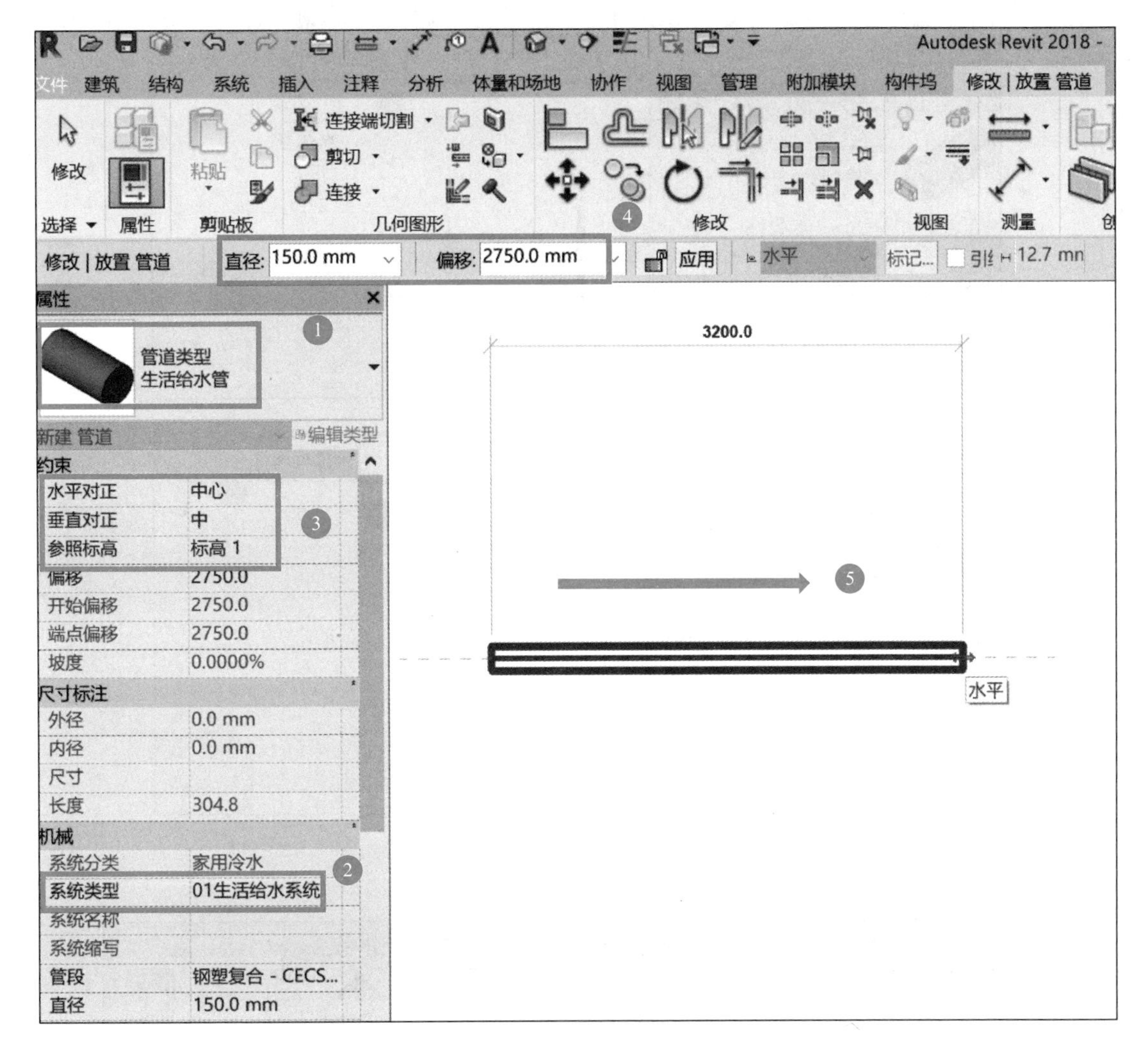

图 1.2-18　横管绘制

或者单击鼠标右键，在弹出的快捷菜单中选择“取消”命令，退出管道绘制。

第 4 步：立管绘制。进入“管道”绘制命令后，在属性栏选择所需的管道类型和系统类型，设置完实例参数，在“修改｜放置管道”选项栏“偏移”中的下拉列表中选择或手动输入立管的底标高（如 1000mm），将鼠标指针移动至绘图区域，在所需位置单击即指定立管的起点，修改“偏移”大小输入立管的顶标高（如 3500mm）后单击旁边的“应用”按钮，即完成立管的绘制，见图 1.2-19。

立管的绘制也可以借助剖面框来进行绘制。选择“视图”选项卡“创建”面板中的“剖面”命令，在绘图区域绘制一个剖面框，单击鼠标右键后选择“转到视图”，见图 1.2-20。进入剖面视图中激活“管道”命令，设置完属性参数后移动鼠标指针依次指定立管的起点和终点即完成立管的绘制。绘制后立管在平面视图及剖面视图中的效果见图 1.2-21。

第 5 步：变截面管道绘制。在绘制完一段管道后，不退出绘制命令，直接在“修改｜放置管道”选项栏修改“直径”大小后继续绘制管道，两段“直径”大小不同的管道将根据管路布局自动添加“类型属性”对话框中预设好的过渡件，见图 1.2-22。

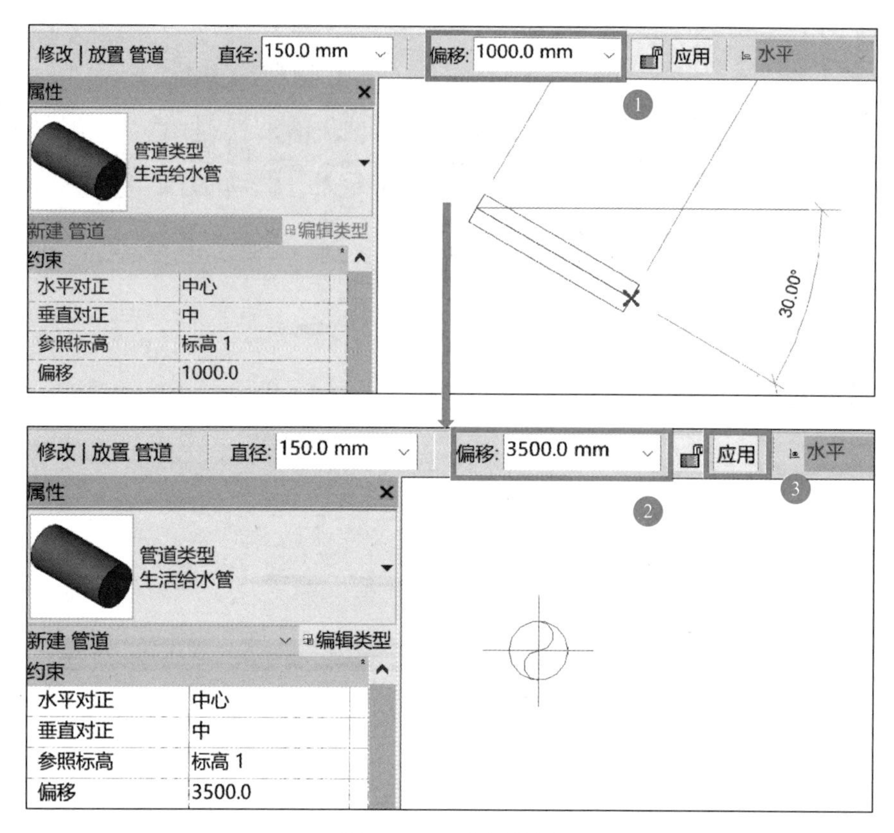

图 1.2-19　立管绘制

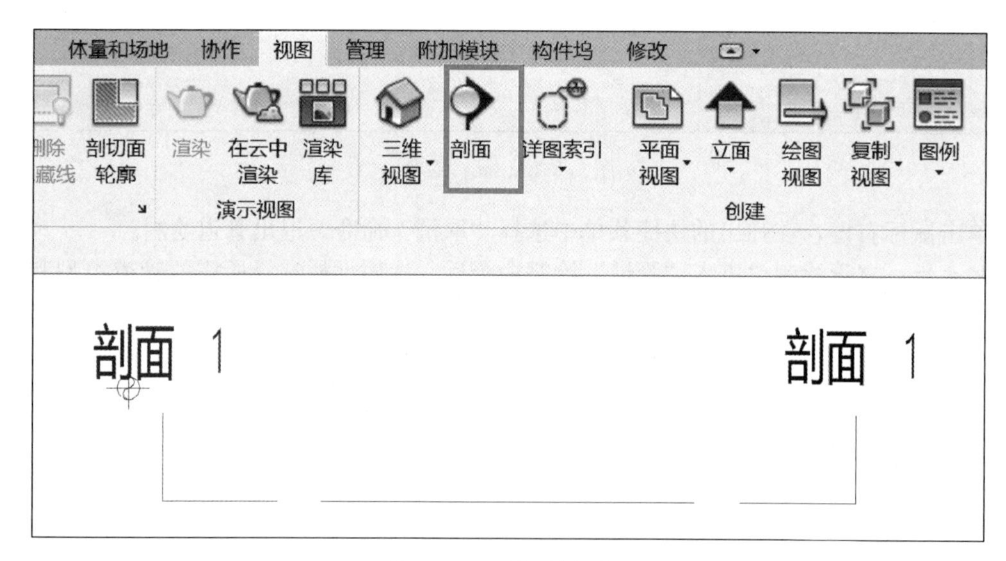

图 1.2-20　绘制剖面框

第 6 步：带坡度管道绘制。进入“管道”绘制命令后，在属性栏设置完所需的实例参数，然后在右上角“带坡度管道”面板中选择“向上坡度”或“向下坡度”，并在“坡度值”下拉列表中选择所需的坡度值大小（如 2.6000%），移动鼠标至绘图区域根据管道坡

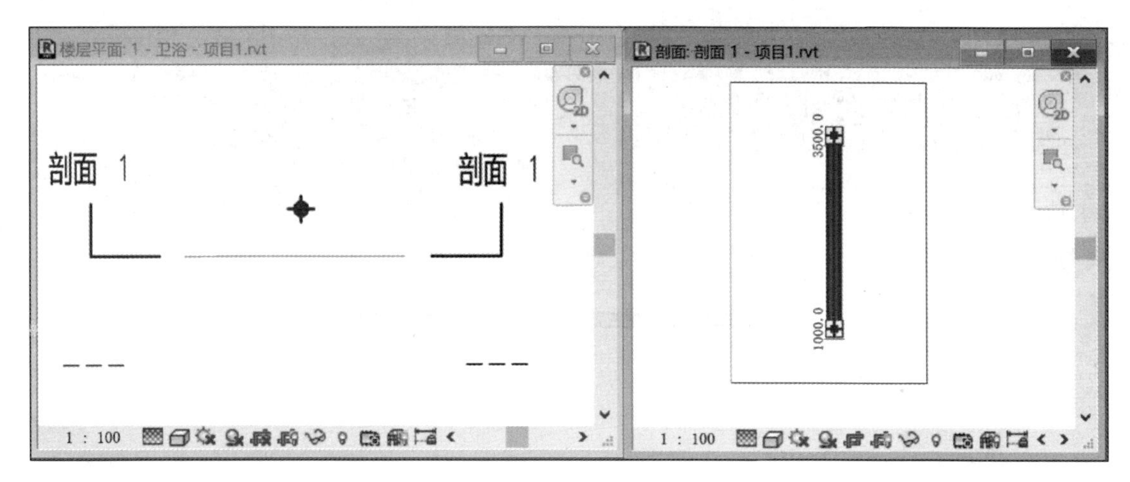

图 1.2-21 立管在平面视图及剖面视图中的效果

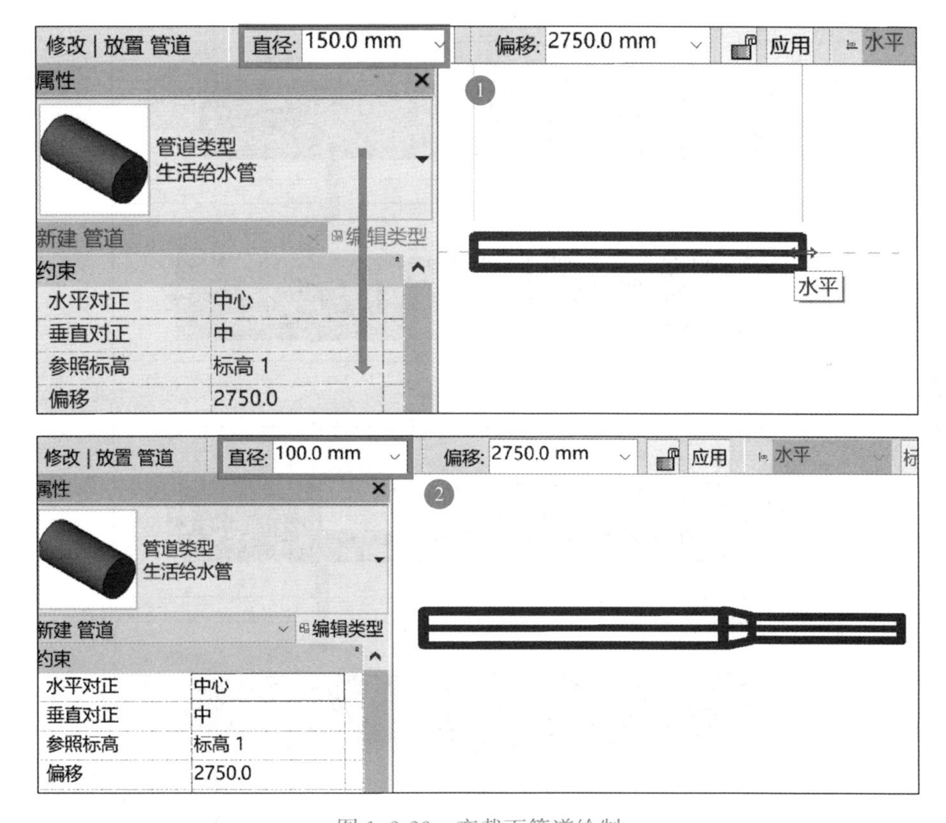

图 1.2-22 变截面管道绘制

向依次指定管道的起点与终点即可完成，见图 1.2-23。直接绘制带坡度管道时，同样需要先确定管道的起点标高。

当绘制了一段不带坡度的管道时，可以选取该管段并直接修改该管段的起点或终点标高来生成坡度，或者当管段上显示坡度符号时直接点击该符号并修改其坡度值大小，见图 1.2-24。

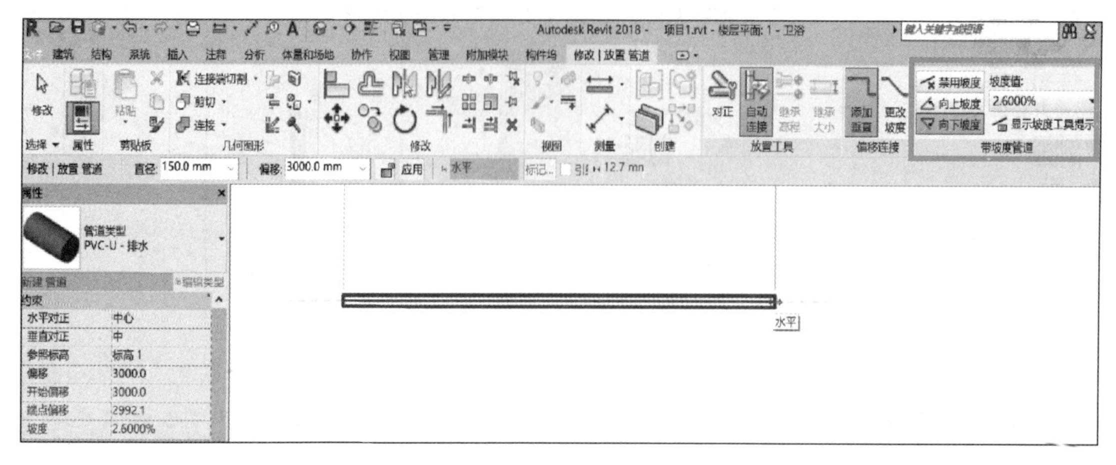

图 1.2-23，带坡度管道绘制

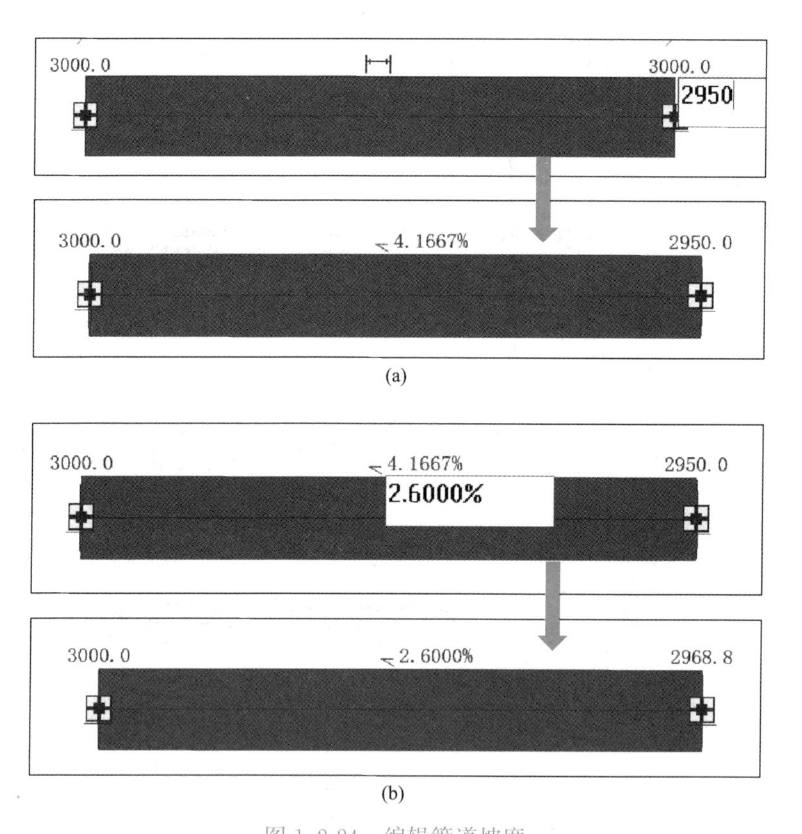

(a)

(b)

图 1.2-24　编辑管道坡度

(a) 修改起点或终点标高生成坡度；(b) 修改坡度值

还可以绘制一段不带坡度的管道后，在右上角功能区“编辑”面板中点击“坡度”选项，在激活的“坡度编辑器”中选择所需的“坡度值”大小以及“坡度控制点”后单击“完成”按钮来生成该管段的坡度，见图 1.2-25。

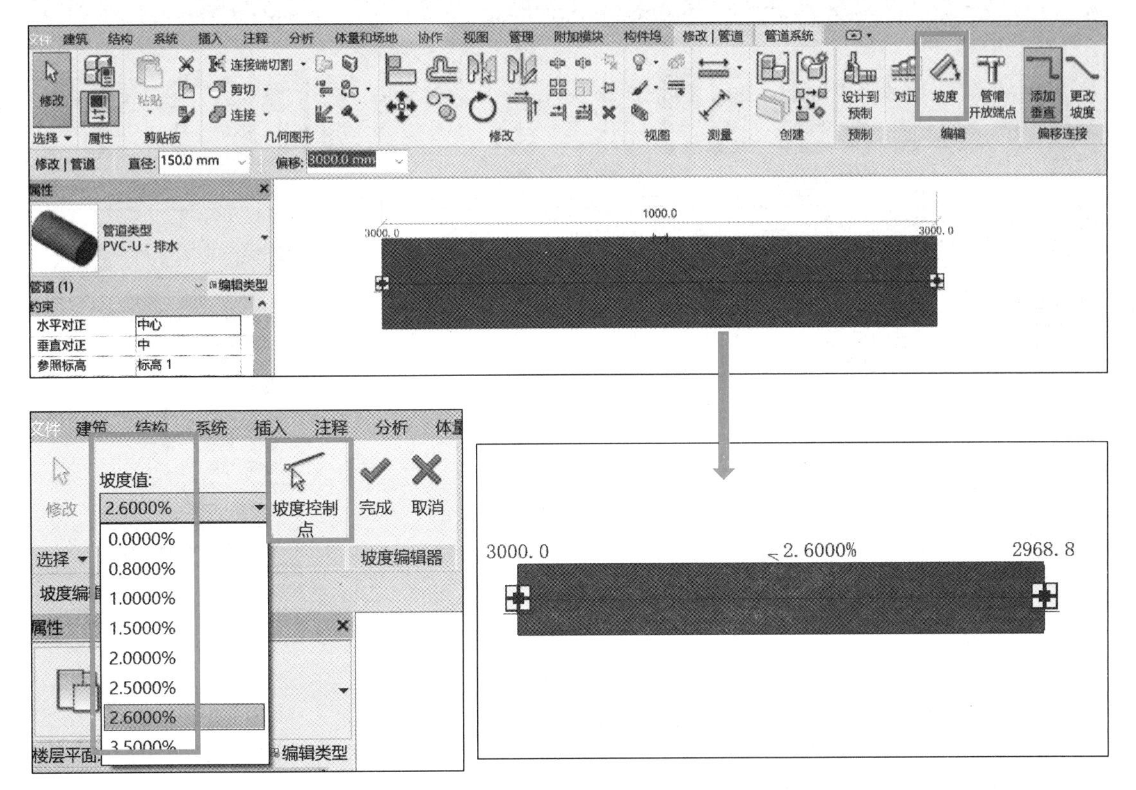

图 1.2-25　管道坡度编辑器

2.5　管件、附件及设备的添加

管件、附件的添加

设备的添加

1. 功能

水系统除管道外，还包括管件、附件以及各种设备，例如三通、弯头、各种阀门、卫浴装置、消火栓、喷头、灭火器等。因此，管道绘制完成后，需要添加管件、附件和设备，并与管道进行连接。

2. 操作步骤

（1）添加管件

添加管件在平面视图、立面视图、剖面视图和三维视图中均可进行操作，在绘制管道过程中，能够自动添加的管件一般都是在管道“布管系统配置”中提前进行设置，具体操作见前面“2.3 管道参数设置”内容。无法自动生成的管件也可以进行手动添加。

第 1 步：添加管件。选择“系统”选项卡“卫浴和管道”面板中的“管件”命令，在“属性”栏选择所需要的管件类型（如弯头），在绘图区域移动鼠标指针至管道的端点位置进行放置。或者在“项目浏览器”中展开“族”→“管件”选项，直接以拖拽的方式将所需要的管件拖到绘图区域所需要的管道端点位置进行放置，见图 1.2-26。

如果当前项目中没有合适的管件可供选择时，可以通过“载入族”命令把所需要的管件族载入进来再进行添加，见图 1.2-27。

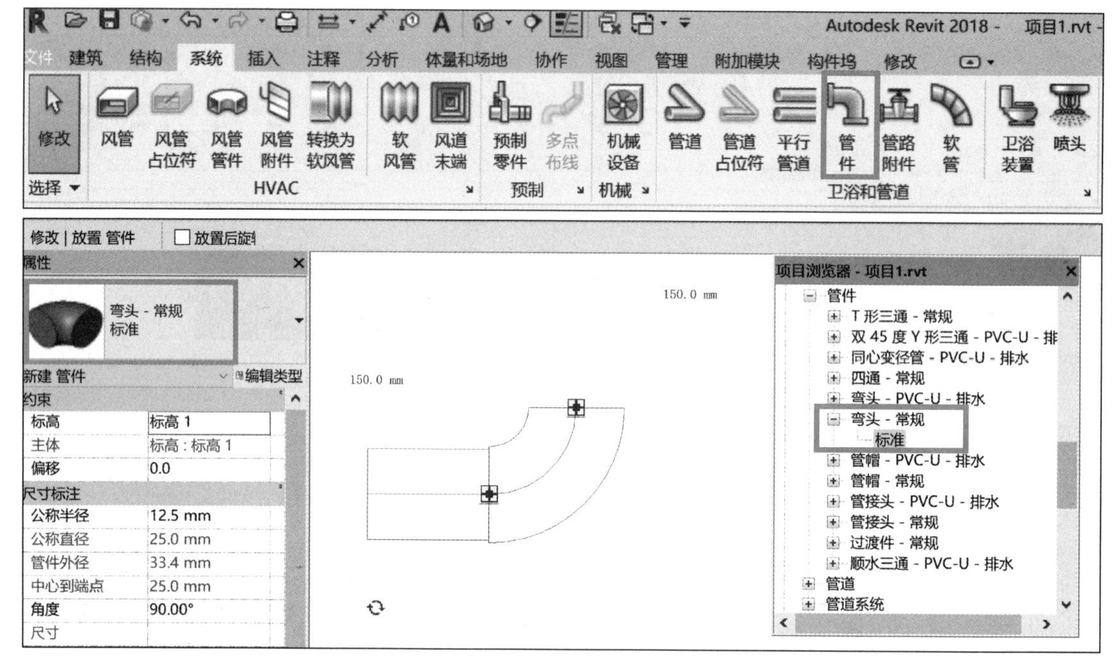

图 1.2-26　添加管件

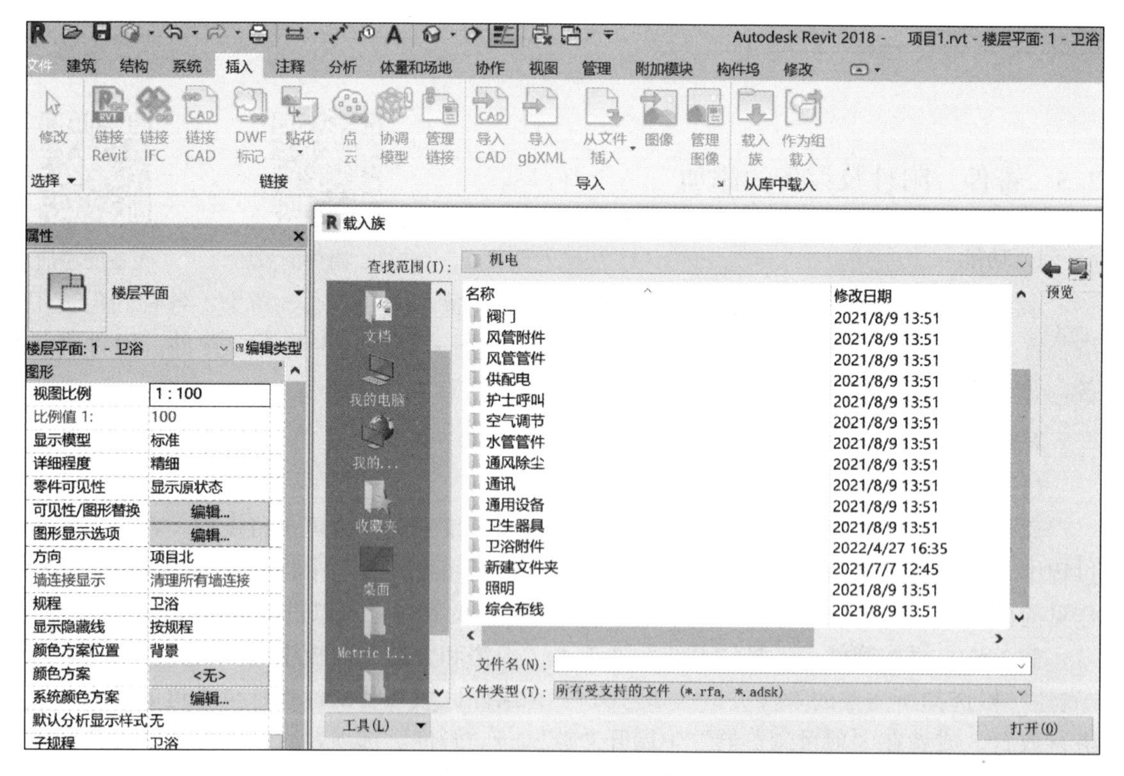

图 1.2-27　载入管件族

第 2 步：编辑管件。在绘图区域单击选中已添加的管件后，管件周围会显示一组管件控制柄，可用于修改该管件的尺寸、调整管件方向、进行管件升级或降级，见图 1.2-28。

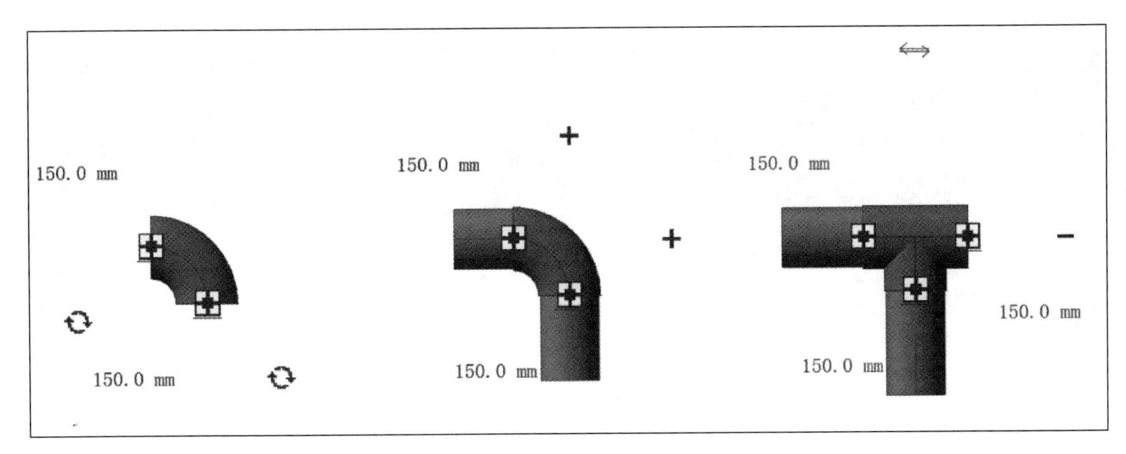

图 1.2-28 编辑管件

① 单击“⟺”符号，可以实现管件水平或垂直方向翻转 180°。

② 单击“↻”符号，可以旋转管件，但是当管件与管件连接之后，该旋转符号就不再出现。

③ 如果管件旁边出现“＋”符号，表示可以升级该管件。例如：弯头可以升级为 T 形三通，T 形三通可以升级为四通。

④ 如果管件旁边出现“－”符号，表示可以降级该管件。例如：带有未使用连接件的四通可以降级为 T 形三通，带有未使用连接件的 T 形三通可以降级为弯头。如果管件上有多个未使用的连接件，则不会显示“－”符号。

（2）添加管路附件

Revit 在平面视图、立面视图、剖面视图和三维视图中均可添加管路附件，附件无法跟管件一样自动生成，所以必须手动进行添加。

第 1 步：添加附件。选择“系统”选项卡“卫浴和管道”面板中的“管路附件”命令，在“属性”栏选择所需要的管路附件类型（如闸阀），在绘图区域移动鼠标指针至管道上合适放置，当拾取到管中线先后单击即可完成该附件的放置。或者在“项目浏览器”中展开“族”→“管道附件”选项，直接以拖拽的方式将所需要的管路附件拖到绘图区域所需要的管道位置进行放置，见图 1.2-29。如果当前项目中没有合适的管路附件可供选择时，可以通过“载入族”命令把所需要的管路附件载进入进来再进行添加。

第 2 步：编辑附件。在绘图区域单击选中已添加的管路附件后，附件周围会显示一组管件控制柄，可用于调整附件的方向，见图 1.2-30。

管路附件的公称直径与管道的公称直径要相一致，当有些管路附件的尺寸不能直接修改时，可以在“属性”栏点击“编辑类型”按钮，进入“类型属性”对话框后，通过“复制”与“重命名”创建新的管路附件类型，然后在“尺寸标注”栏修改“公称半径”或“公称直径”等参数，见图 1.2-31。

对于立管上的管路附件在平面视图中无法放置，一般都要转换到立面视图或三维视图中去进行放置。

（3）设备的放置与连接

建筑给排水系统的设备主要包括卫生器具、消火栓、喷头等。系统自带的卫生设备大

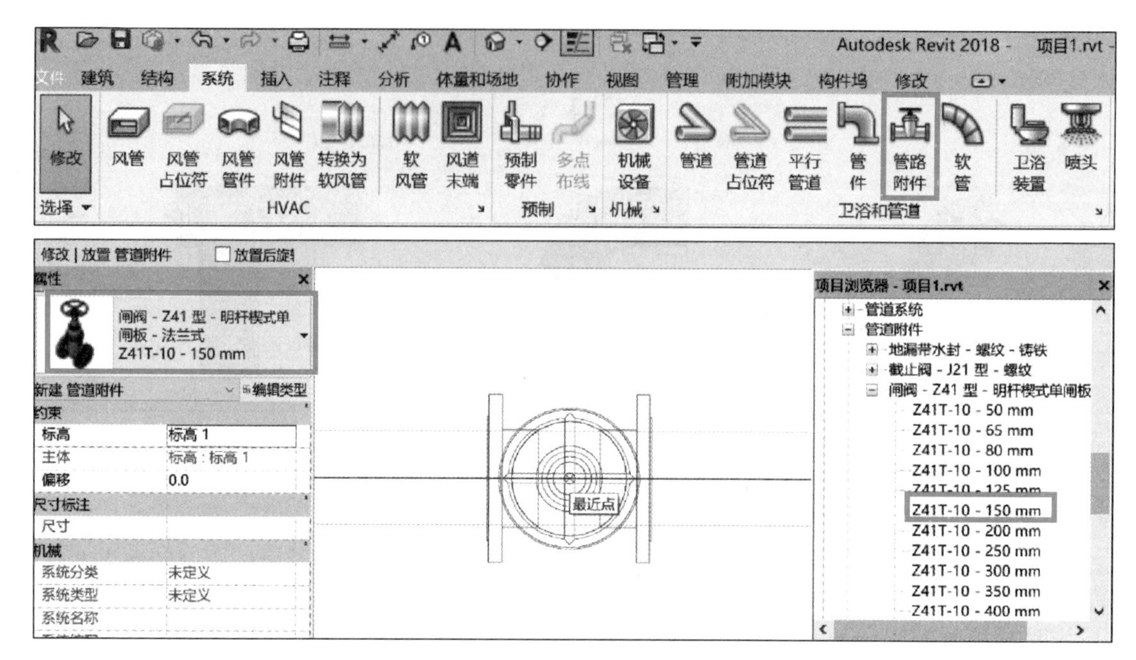

图 1.2-29　添加管路附件

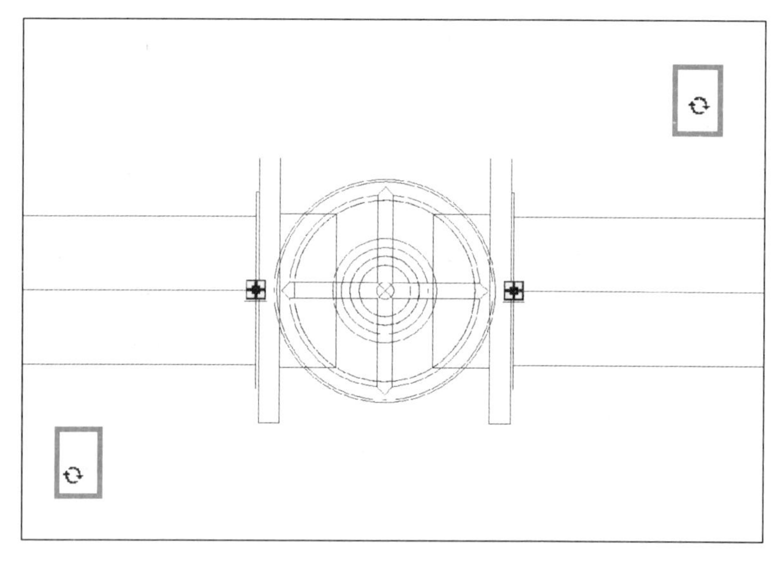

图 1.2-30　调整管路附件

部分需要基于主体放置，主体包括墙、柱子以及楼板等，在放置卫生器具的过程中需要特别注意。下面以卫生间蹲便器的放置与连接为例讲述具体操作过程。

第 1 步：放置卫生设备。选择“系统”选项卡“卫浴和管道”面板中的“卫浴装置”命令，在“属性”栏选择所需要的卫生器具，在绘图区域移动鼠标指针至所需位置单击即可完成放置。或者在“项目浏览器”中展开“族”→“卫浴装置”选项，直接以拖拽的方式将所需要的卫生设备拖到绘图区域所需要的位置进行放置，见图 1.2-32。一般可按照 CAD 卫生间大样图中各种卫生器具的位置来进行放置。

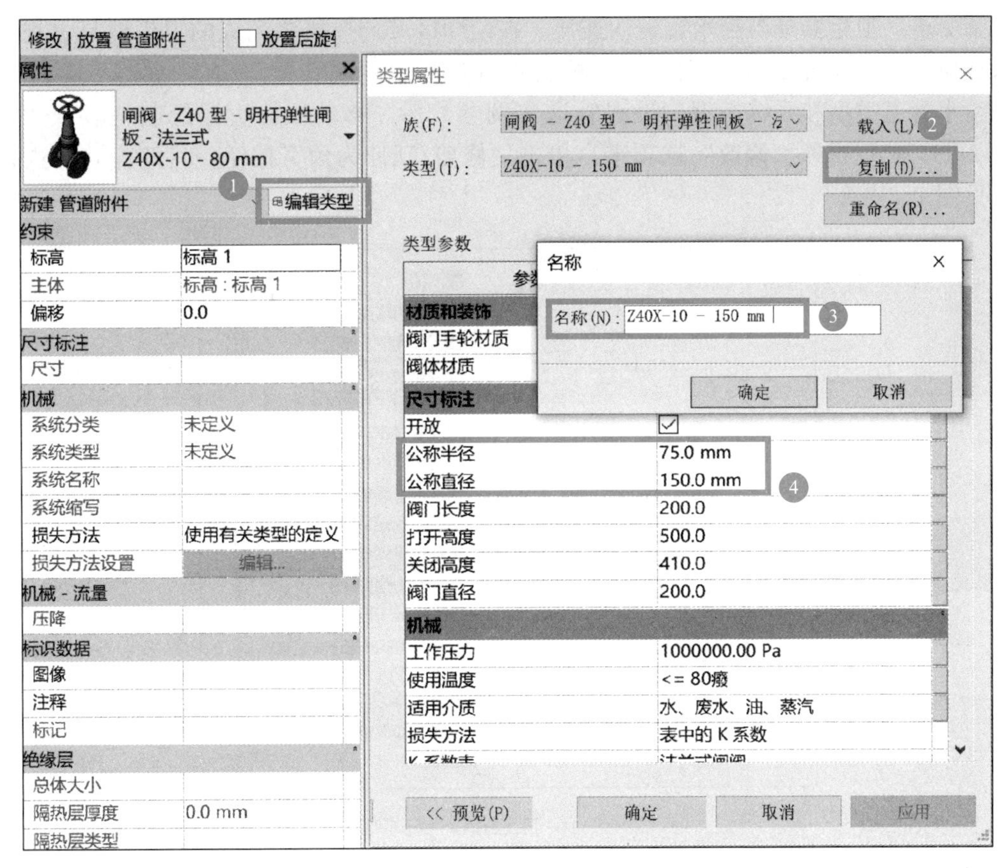

图 1.2-31 新建管路附件类型

图 1.2-32 放置卫生设备

第 2 步：卫生器具与给水管道的连接。在绘图区域选择放置完成的卫生器具，查看其进水点位置，鼠标指针移动至拖拽点单击右键选择“绘制管道”，在“属性”栏选择所需的给水管道类型和系统类型，设置管道实例参数后，移动鼠标直接绘制一段管道，见图 1.2-33。然后进入“修改”选项卡，单击“修剪/延伸为角”按钮，将两段管道进行连接，见图 1.2-34。

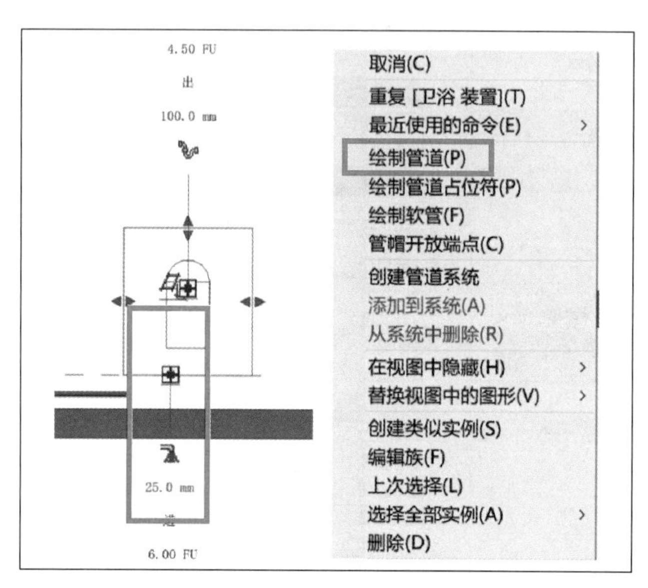

图 1.2-33　绘制卫生器具进水管道

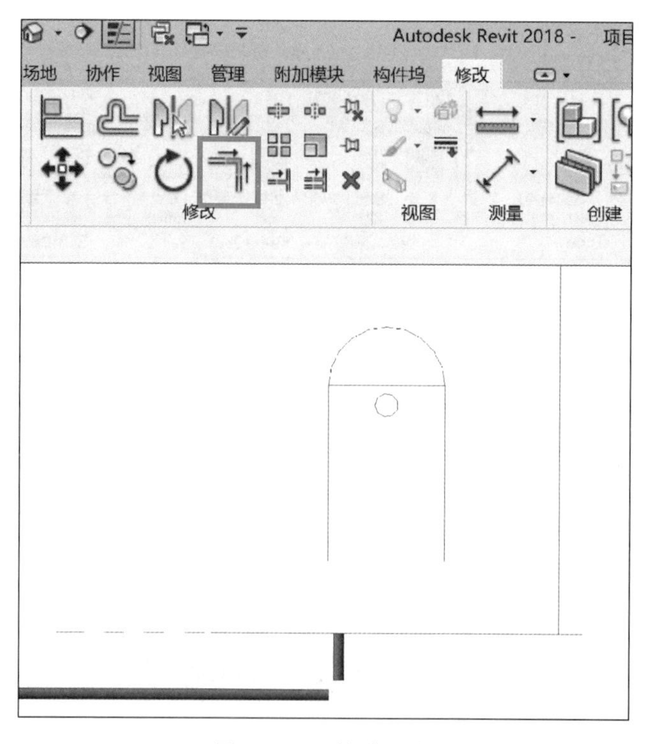

图 1.2-34　管道连接

卫生器具与给水管道的连接还可以直接使用“连接到”命令。在绘图区域选择放置完成的卫生器具，在“修改|卫浴装置”选项卡中单击“布局”面板上的“连接到”命令，在弹出的“选择连接件”对话框中选择对应的进水点连接件，然后再单击需要连接的管道，完成卫生器具和给水管道的自动连接，见图 1.2-35。管道连接完成后的三维效果见图 1.2-36。

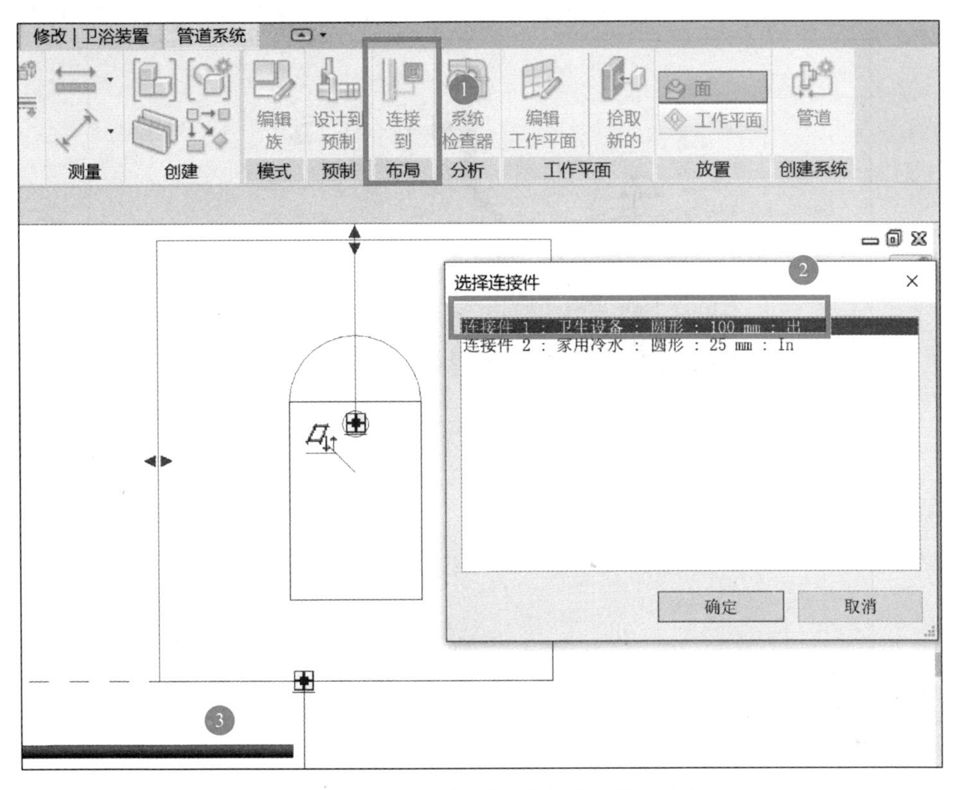

图 1.2-35　用“连接到”命令进行管道连接

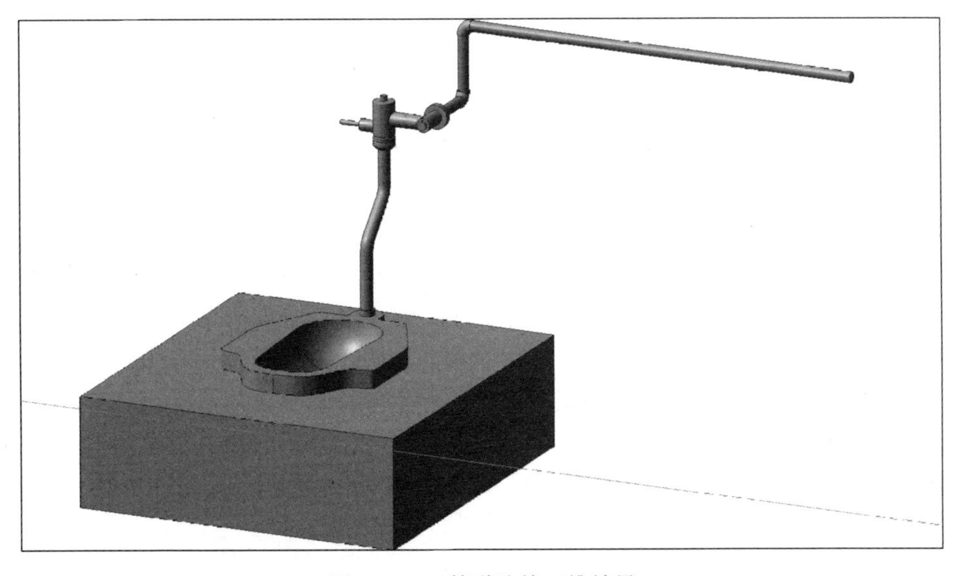

图 1.2-36　管道连接三维效果

第 3 步：卫生器具与排水管道的连接。排水管道与卫生器具的连接可以借助剖面视图来进行绘制，选择“视图”选项卡中的“剖面”命令，在平面视图合适位置绘制一个剖面框，并进入剖面视图中，当前视图详细程度一般默认为粗略（管道为单线显示），可以根据自己的实际情况修改详细程度为精细（管道为双线显示），见图 1.2-37。

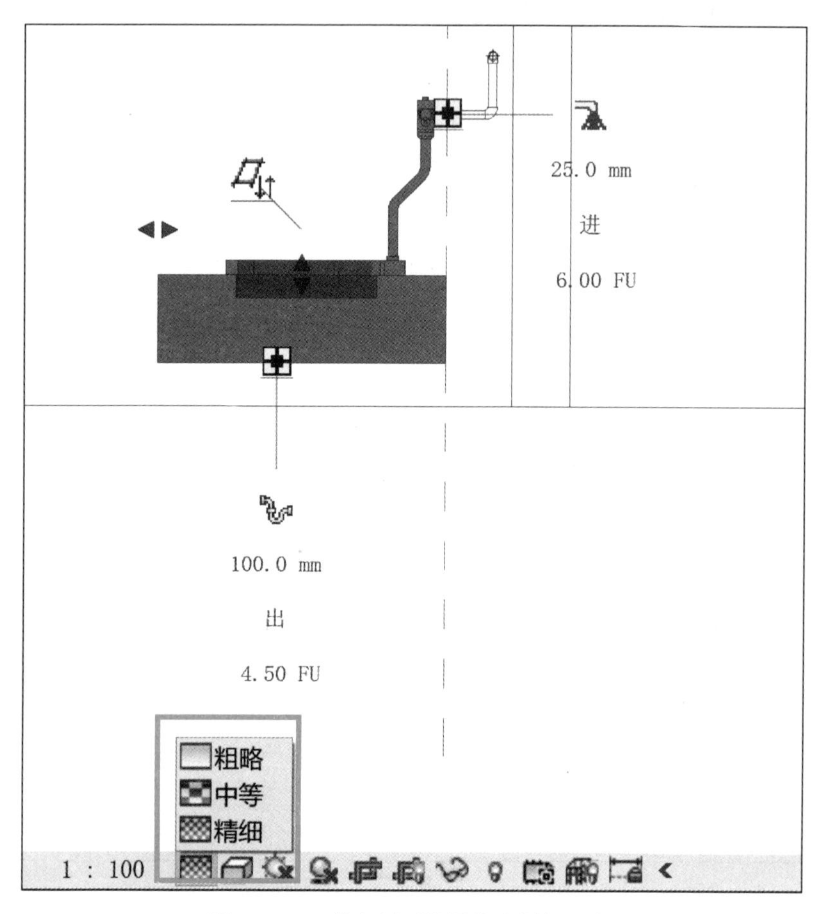

图 1.2-37　进入剖面视图修改详细程度

选择卫生器具，查看其出水点位置，鼠标指针移动至拖拽点单击右键选择“绘制管道”，在“属性”栏选择所需的排水管道类型和系统类型，不需要设置管道的“偏移”，移动鼠标直接绘制一段垂直的排水管道，见图 1.2-38。

通过“载入族”命令将存水弯载入到项目中，激活“系统”→“管路附件”命令，在“属性”栏选择所需的存水弯类型，移动鼠标指针至刚绘制完成的排水管底部附近，当出现“捕捉”光标时单击即可完成该存水弯的添加，见图 1.2-39。使用存水弯旁边显示的旋转符号可以调整它的方向，并在平面视图中可将存水弯移动至合适位置。

绘制完带坡度的排水横管后，手动将横管与存水弯出水口管段进行标高调整，然后通过“修剪、延伸单个图元”或“修剪、延伸多个图元”命令，进行排水管道连接，见图 1.2-40。

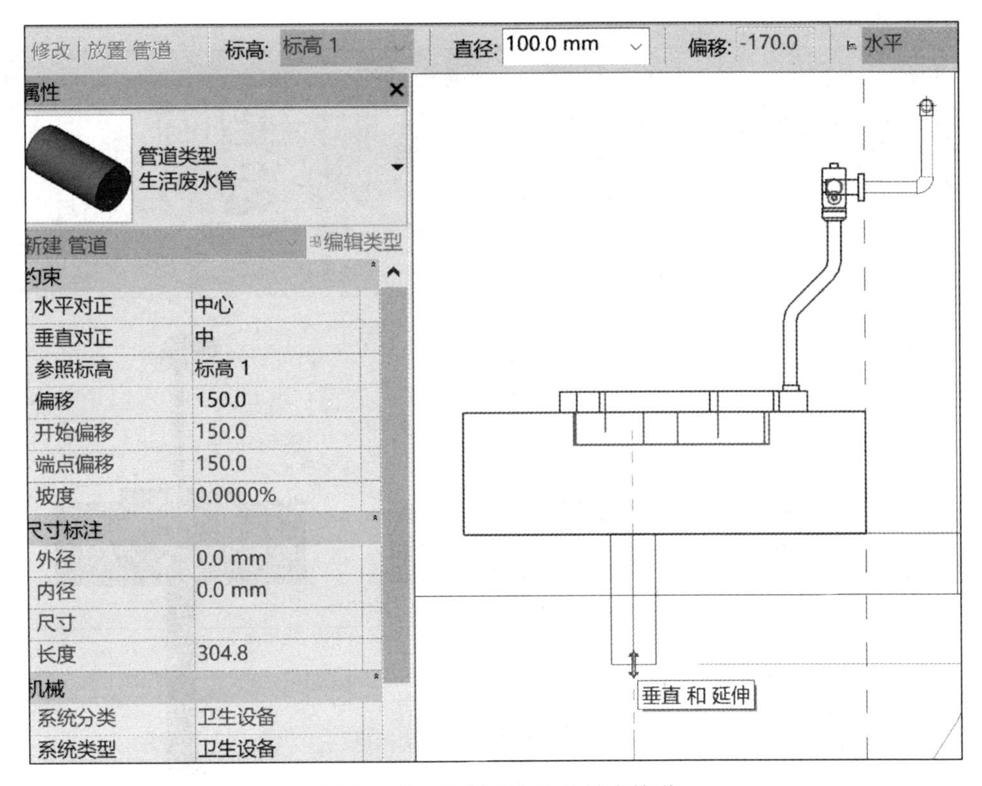

图 1.2-38 绘制卫生器具排水管道

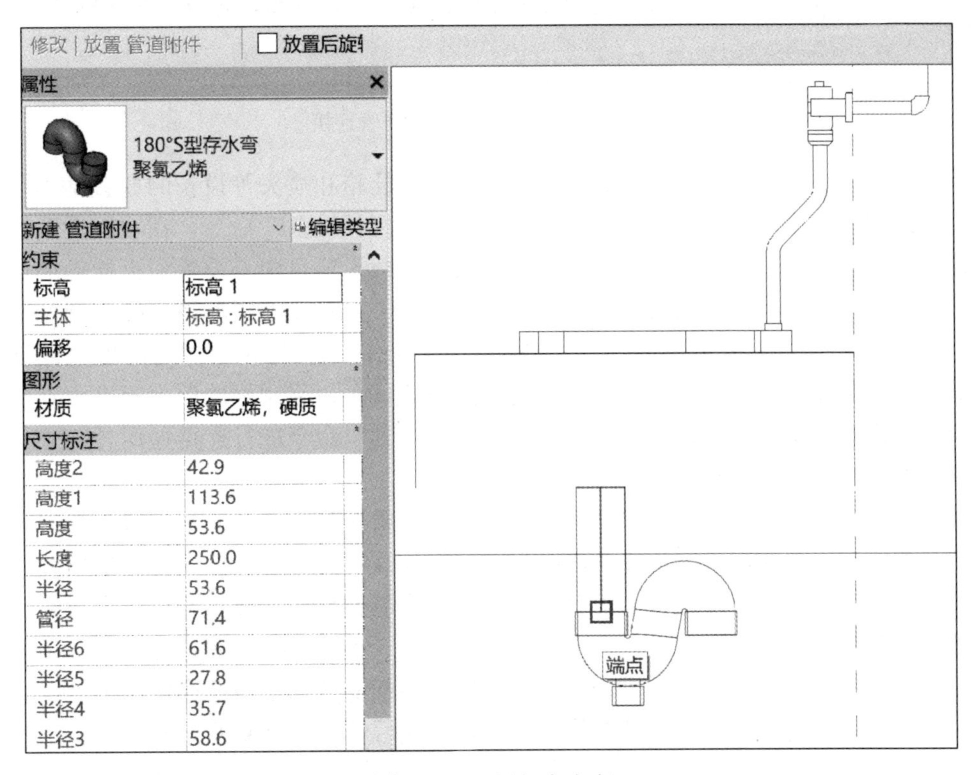

图 1.2-39 添加存水弯

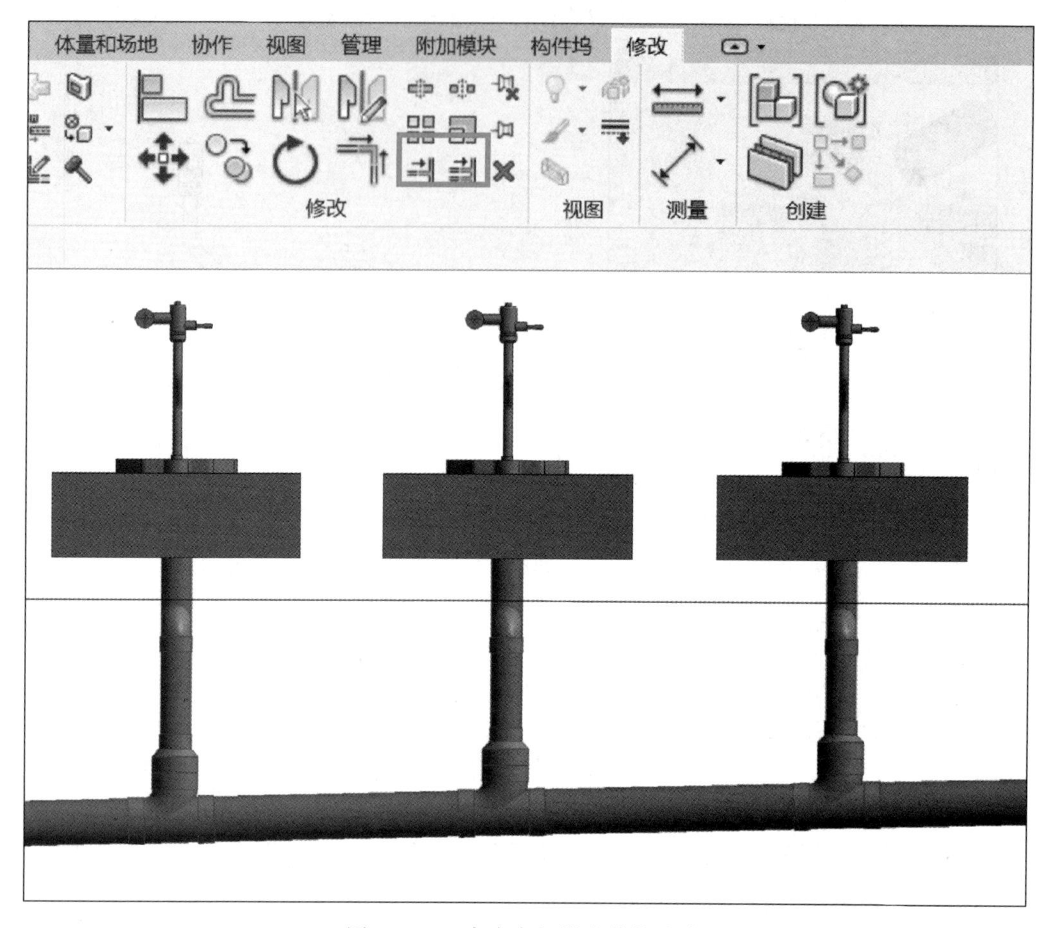

图 1.2-40　存水弯与排水横管连接

第 4 步：室内消火栓箱和喷头的放置。室内消火栓箱和喷头等设备的放置基本与卫生器具的操作方法一样。进入“系统”选项卡，点击“机械设备”命令，在“属性”栏选择消火栓箱类型，或通过“载入族”将所需的消火栓箱载入项目中。设置消火栓箱的放置高度（消火栓栓口中心参照当前楼层标高的偏移量为 1100mm，不同的消火栓族定位原点不一样，放置前需要校核再确定高度），移动鼠标至绘图区域合适位置单击即可完成该消火栓箱的放置，见图 1.2-41。消火栓箱与消防主干管之间可以采用拾取消火栓进水点后鼠标右键绘制管道并与主干管进行连接或直接使用“连接到”命令进行连接这两种方式，完成后的平面视图与三维视图效果见图 1.2-42。

进入“系统”选项卡，点击“喷头”命令，在“属性”栏选择喷头类型，设置喷头的“偏移”，然后在绘图区域所需位置单击鼠标即可完成该喷头的放置，见图 1.2-43。

激活“管道”命令，设置相应实例参数（包括管道类型、系统类型、管道直径、管道偏移量），管道起点单击第一个喷头，终点单击最后一个喷头，系统自动将首、尾喷头进行连接，见图 1.2-44。其余喷头可利用剖面视图进行横支管的绘制及连接，也可以直接使用“连接到”命令完成喷头与喷淋支管的连接，完成后的三维效果见图 1.2-45。

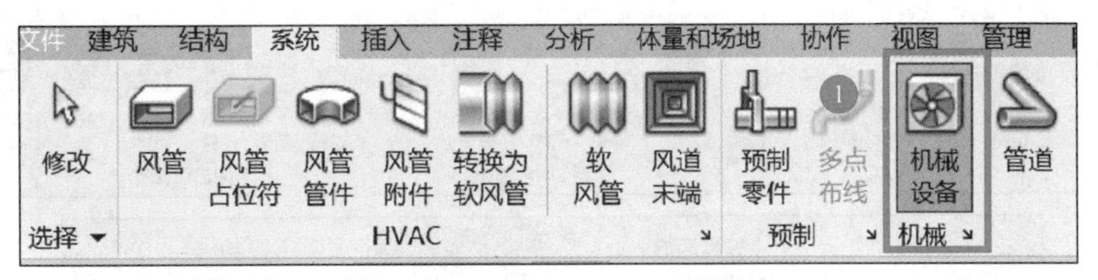

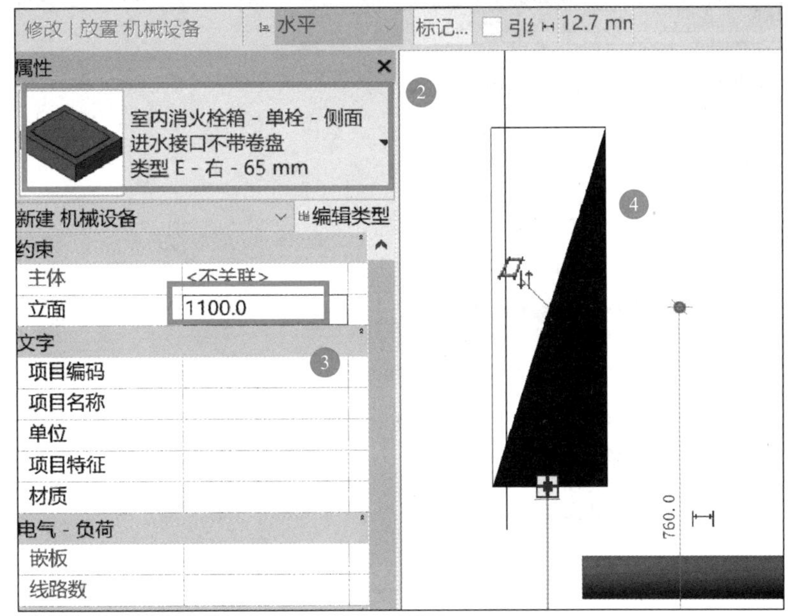

图 1.2-41　放置消火栓箱

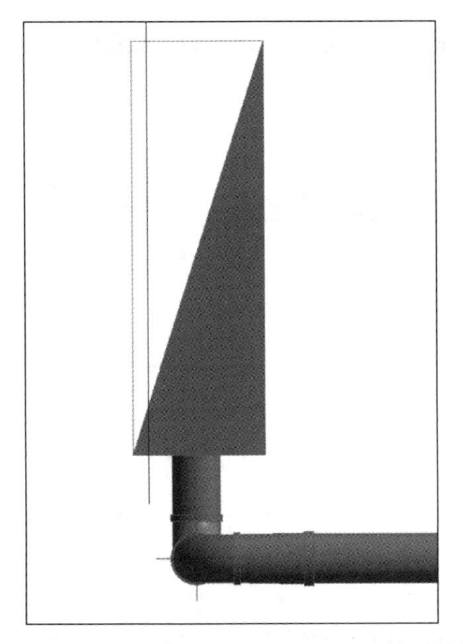
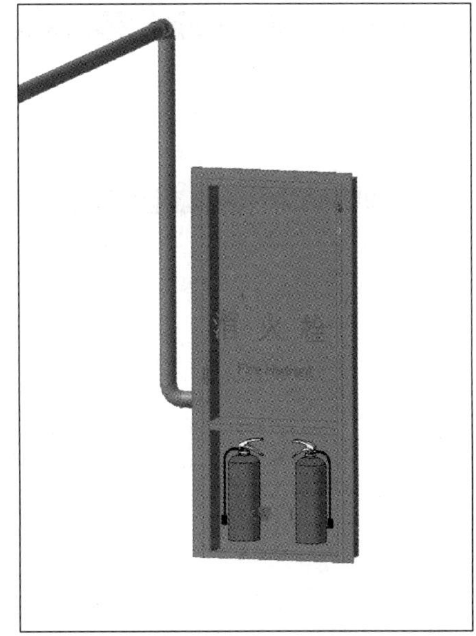

图 1.2-42　消火栓管道连接

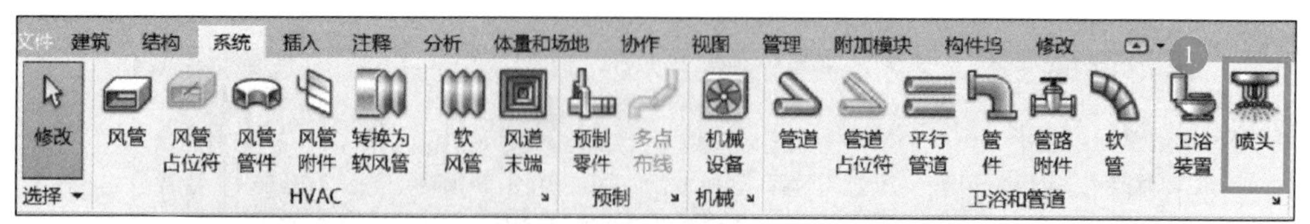

图 1.2-43　放置喷头

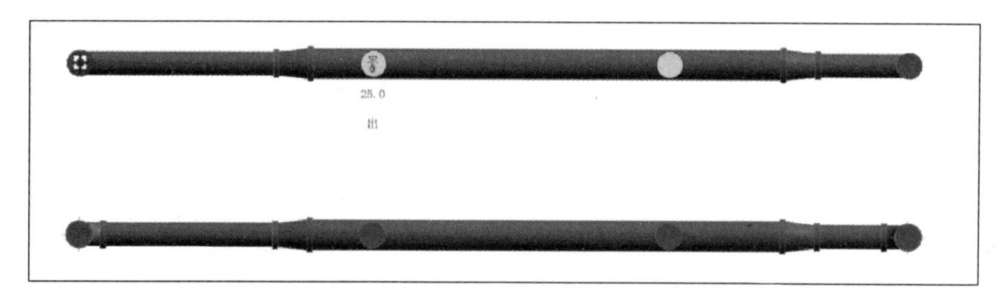

图 1.2-44　喷头与管道的连接

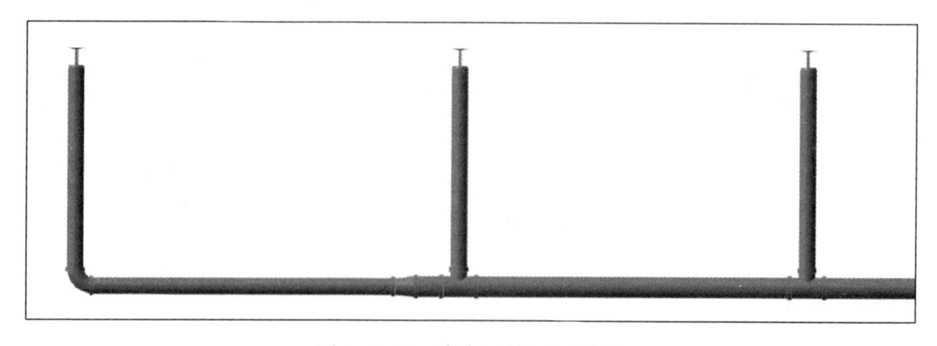

图 1.2-45　喷头连接三维效果

任务3　风系统建模

能力目标（表1.3-1）

风系统建模能力目标　表1.3-1

风系统建模能力	1. 风系统概述及图纸识读能力
	2. 风管系统设置能力
	3. 风管参数设置能力
	4. 风管的绘制能力
	5. 风管附件及设备的添加能力

概念导入

1. 通风空调

通风空调主要功能是提供人呼吸所需要的氧气，稀释室内污染物或气味，排除室内工艺过程产生的污染物，除去室内的余热或余湿，提供室内燃烧所需的空气，主要用在家庭、商业、酒店、学校等建筑。通风空调系统由通风系统和空调系统组成。通风系统由送排风机、风道、风道部件、消声器等组成。空调系统由空调冷热源、空气处理机、空气输送管道输送与分配，以及空调对室内温度、湿度、气流速度及清洁度的自动控制和调节等组成。

2. 风管附件

Revit 提供风管系统中设置各种风管附件的功能，其主要包括防火阀、止回阀、软接等附件。

3. 风管管件

风管管件是一种使用风管上的管道配件产品，在风道管道系统当中起到连接、控制、变向、分流、密封、支撑等作用的零部件产品，其主要包括矩形三通、矩形四通、圆形变径等。

4. 风管末端

Revit 提供各种风道末端的编辑与放置，其主要包括各种风口、散流器、格栅等。

5. 机械设备

Revit 提供各种机械设备的编辑与放置。在风系统中所涉及的机械设备主要有风机、风机盘管、冷水机组等。

子任务清单（表1.3-2）

子任务清单　表1.3-2

序号	子任务项目	备注
1	风系统概述及图纸识读	防排烟系统、通风系统、空调风管系统
2	风管系统设置	风管系统类型、风管材质设置

续表

序号	子任务项目	备注
3	风管参数设置	风管类型、布管系统设置
4	风管的绘制	水平风管、垂直风管
5	风管附件及设备的添加	风阀、风口、风机等

任务分析

本任务内容主要为建筑暖通空调系统中的风管建模，包括空调风管参数及系统设置、空调风管绘制、空调风管显示设置、机械设备添加等，是 Revit 设备建模的主要任务之一，每个使用者都必须牢固掌握。

3.1 风系统概述及图纸识读

通风空调主要功能是提供人呼吸所需要的氧气，稀释室内污染物或气味，为室内加热、加湿、提供一定新鲜空气等来满足生产工艺或人体舒适的要求，主要用在家庭、商业、酒店、学校等建筑。

正确识读空调施工图，是准确建立 Revit 空调模型的重要前提。一套完整的空调施工图，应包括图样目录、设计与施工说明、设备表、设计图样、计算书等。其中设计图样一般由平面图、剖面图、系统轴测图、系统原理图和详图组成。我们在进行 Revit 空调系统建模的时候，主要信息均包含于平面图中，其中空调平面图主要表明设备和系统风道的平面布置，机房平面图表明设备及各类管道的平面布置。此外，剖面图和详图包含管道与设备、管道与建筑梁、板、柱、墙及地面的尺寸关系等信息，对 Revit 建模也具有重要的作用。空调系统轴测图对系统的主要设备、部件进行编号，还包含各设备、部件、管道及配件等信息。

Revit 建模所涉及的风系统主要指防排烟系统、通风系统、空调系统中的送风管道系统。本任务主要学习上述系统中送风管道模型建立、送风管道系统设置及送风管道附件添加等内容，是 Revit 建模过程中的重要内容。

3.2 风管系统设置

风管系统设置

1. 功能

Revit 风管建模首先需要进行风管系统的设置。风管系统设置完成以后，就可以对风管系统的图形及材质和装饰等内容进行设置与编辑。

2. 操作步骤

风管系统分类较多，不同的风管需定义为不同的系统，方便在项目中进行查阅与分类统计。

第 1 步：新建风管系统。选择“项目浏览器”面板中的“族”→“风管系统”→“风管系统”→“送风”，右键选择“复制”命令，复制出所需新建的风管系统，见图 1.3-1。

第 2 步：风管系统重命名。在新复制的风管系统处右键选择“重命名”命令，将其名称改为所需要的系统名称，如“送风系统”。用同样的方法可将系统默认设置的其他送风系统根据需要进行相应的修改，如将“送风”系统复制重命名为“人防送风系统”，将“回风”系统复制重命名为“回风系统”，将“排风”系统复制重命名为“排烟系统”“排风系统”和“消防系统”等，见图 1.3-2。

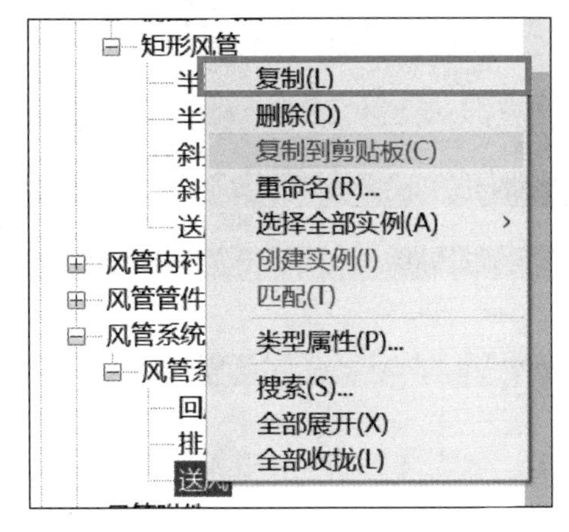

图 1.3-1 新建风管系统

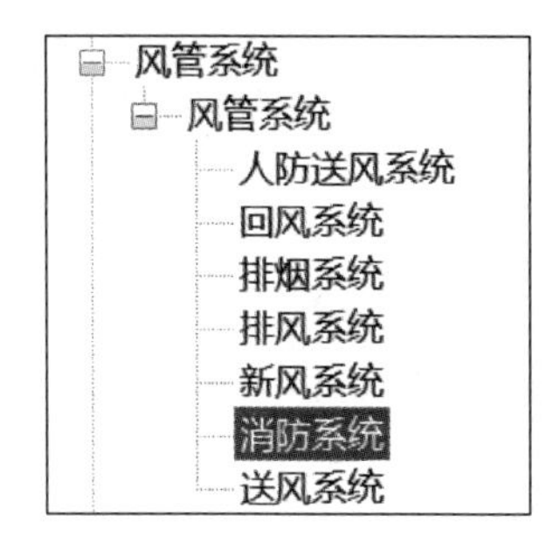

图 1.3-2 风管系统重命名

第 3 步：编辑风管系统类型属性。在风管系统类型属性中，可以设置风管系统的图形替换、材质和装饰等内容。下面以“送风系统”为例，右键单击“项目浏览器”→“风管系统”中的“送风系统”，左键单击“类型属性”功能，见图 1.3-3。

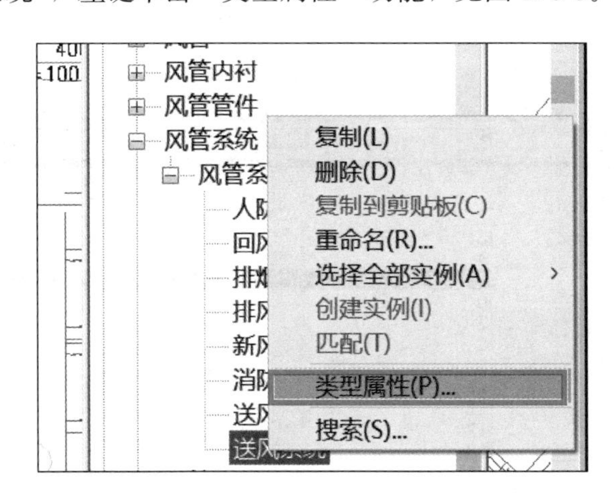

图 1.3-3 编辑风管系统类型属性

在弹出的风管系统类型属性对话框中，单击“图形替换”→“编辑”按钮，可以对所设置风管系统的线宽、颜色及填充图案等内容进行编辑与设置，见图 1.3-4～图 1.3-7。

由于不同风系统的风管材质厚度不同，所以我们将风管系统按其系统的工作压力划分四个类别，它们为微压、低压、中压和高压。按系统工作压力范围大小不同的要求，高压风管系统级别最高，微压、低压系统风管级别较低，而中压系统风管则居中。按照级别要求，我们将“排烟系统”设置为“高压系统”，将“回风系统”设置为“中压系统”，将“排风系统”设置为“中压系统”，将“消防系统”设置为“中压系统”，将“新风系统”

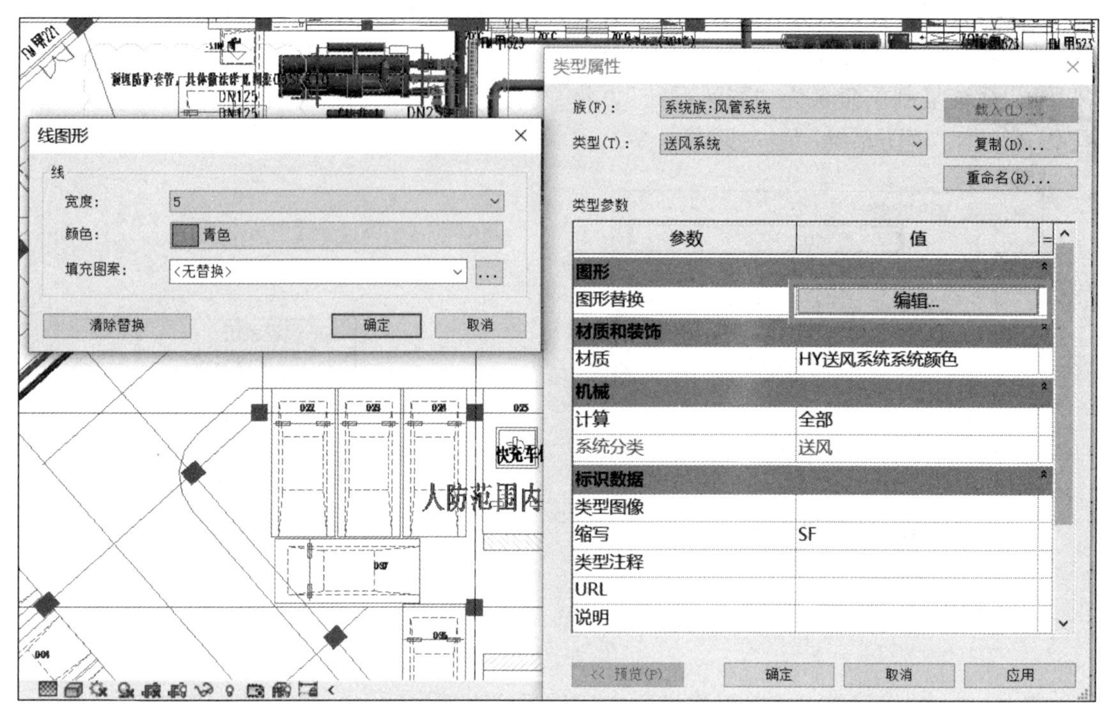

图 1.3-4　编辑风管系统类型属性中的图形替换

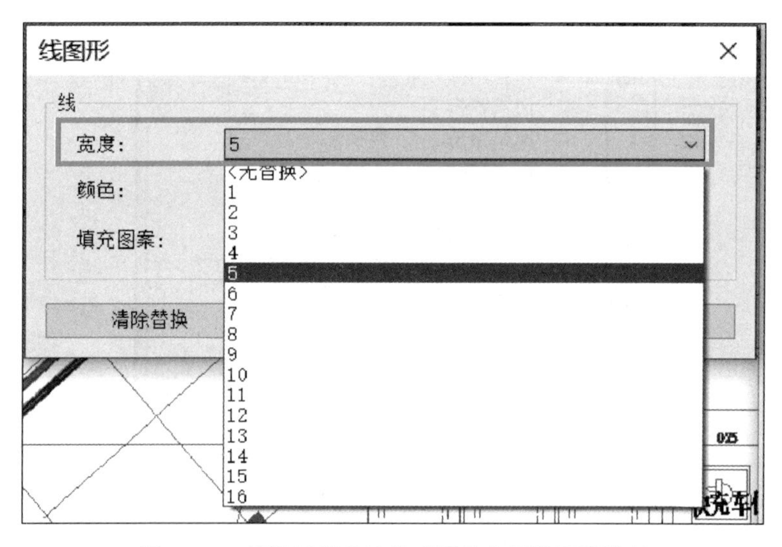

图 1.3-5　编辑风管系统类型属性中的线图形线宽

设置为“低压系统”，将“人防送风系统”设置为“低压系统”。下面以“人防送风系统”为例讲解设置的方法。

打开“项目浏览器”，在“风管系统”中用鼠标左键双击“人防送风系统”，见图 1.3-8，弹出“类型属性”对话框，在“说明”一栏中输入“低压系统”，这样就完成了对“人防送风系统”工作压力等级的设置，见图 1.3-9。其他风系统工作压力等级设置方法类似。

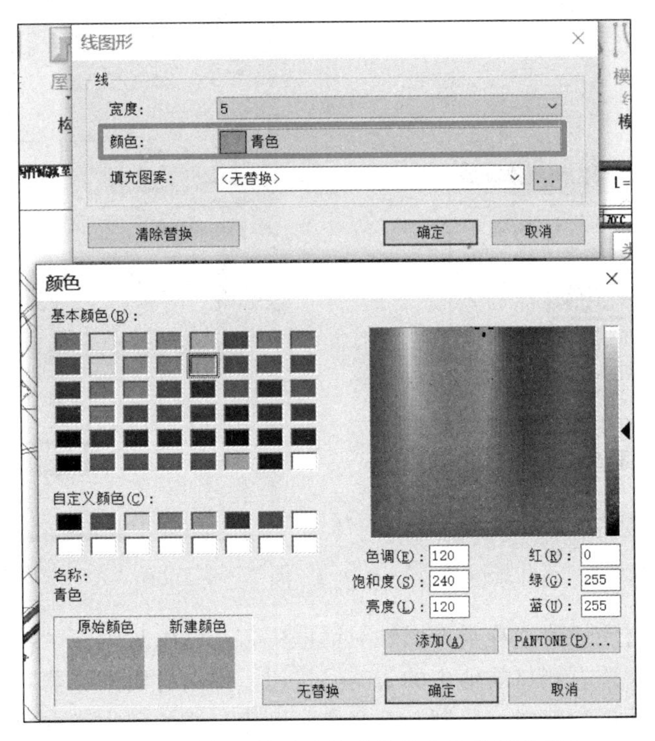

图 1.3-6　编辑风管系统类型属性中的线图形颜色

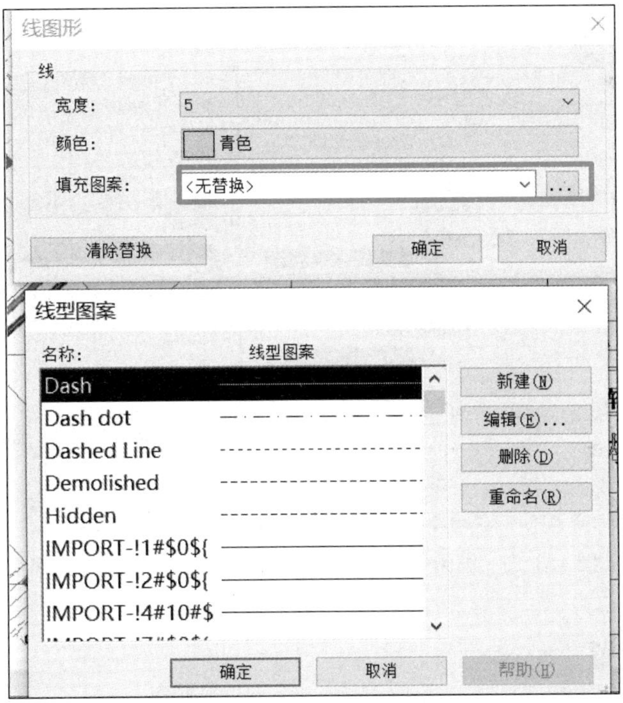

图 1.3-7　编辑风管系统类型属性中的线图形线型图案

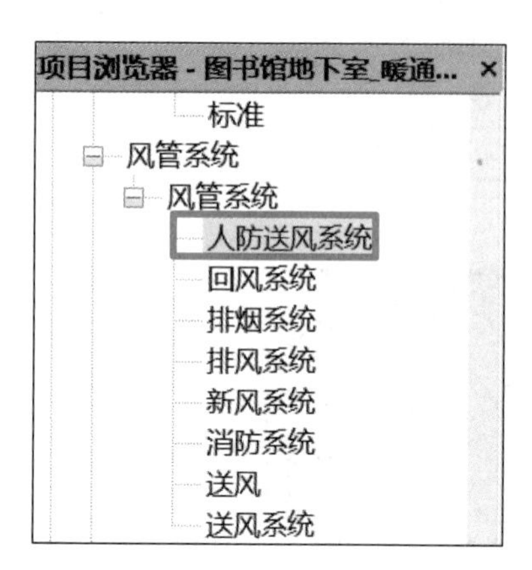

图 1.3-8 用鼠标左键双击“人防送风系统”

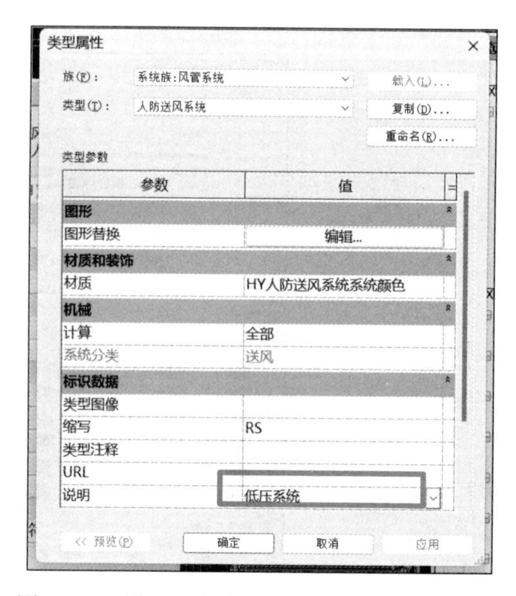

图 1.3-9 设置“人防送风系统”工作压力等级

第 4 步： 风管材质设置。在类型属性对话框中，还可以对风管系统的材质和装饰进行设置与编辑。单击材质右侧材质值中的省略号按钮，弹出材质浏览器对话框，右键单击材质，可以对选中材质进行编辑、复制、重命名、删除、添加到收藏夹等操作，还可以对材质的颜色、渲染外观、表面填充图案等内容进行编辑。用户可根据需要，针对不同风系统的材质进行具体的设置，见图 1.3-10。

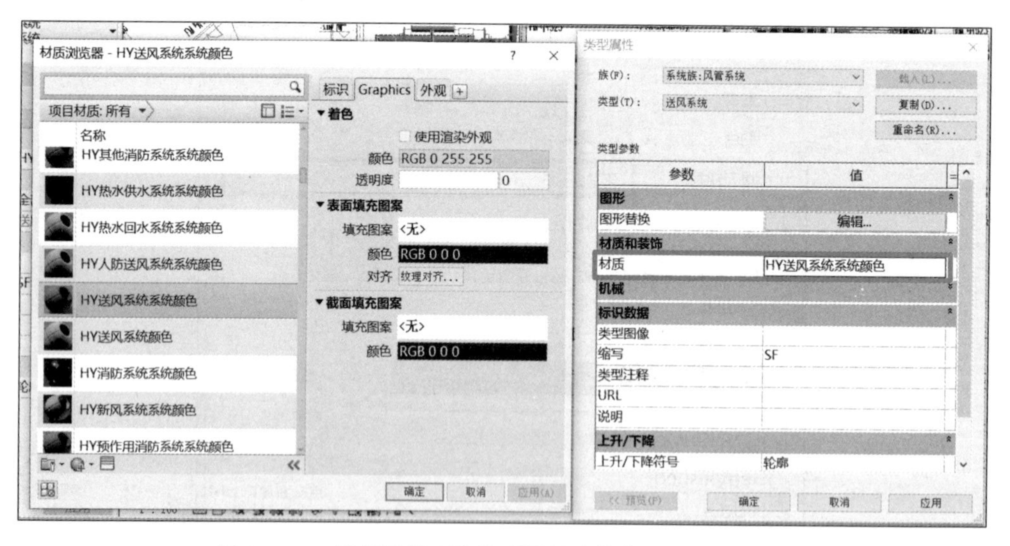

图 1.3-10 编辑风管系统类型属性中的线图形线型图案

3.3 风管参数设置

1. 功能

Revit 风系统建模过程中，可以对风系统不同风管类型所需的风管构件进行设置与添加，正确对其进行设置将有助于建模的准确性，提高建模效率。

2. 操作步骤

第 1 步：新建风管类型。选择“项目浏览器”面板中的“族”→“风管”→“矩形风管”→“半径弯头/T 形三通”（建模过程中若需创建接头，可根据需要进行更改），然后右键选择“复制”命令，在新复制的风管类型处右键选择“重命名”命令，将其名称改为风系统所需的风管名称，如“送风管”“排风管”“新风管”等，见图 1.3-11。

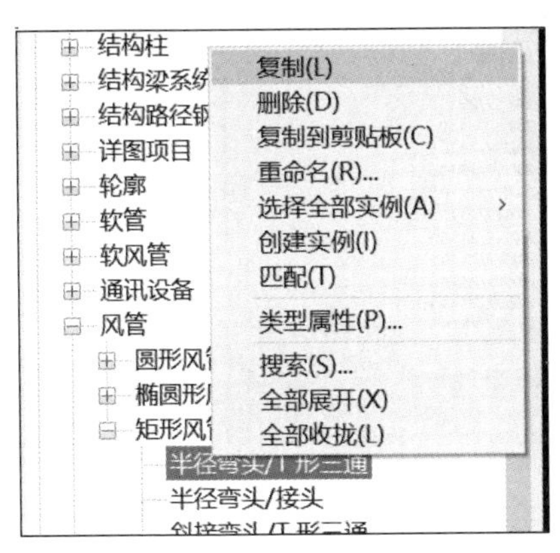

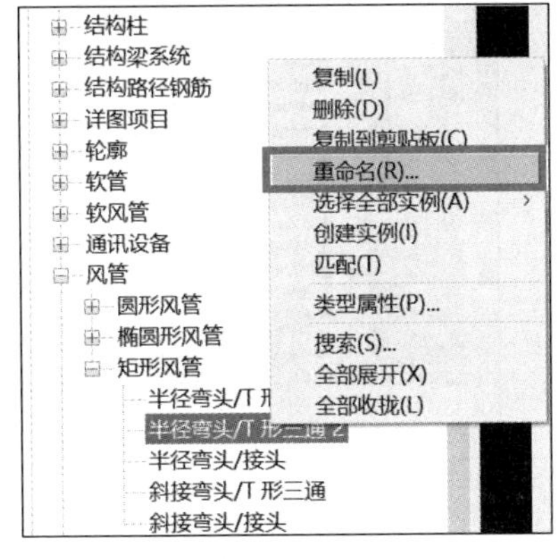

风管参数设置

图 1.3-11　创建风系统所需风管管道类型

第 2 步：布管系统设置。双击项目浏览器中刚才新建的风管，在风管“类型属性”对话框中，点击“布管系统配置”后面的“编辑”按钮，在弹出的对话框中对管段、管件进行设置，见图 1.3-12。

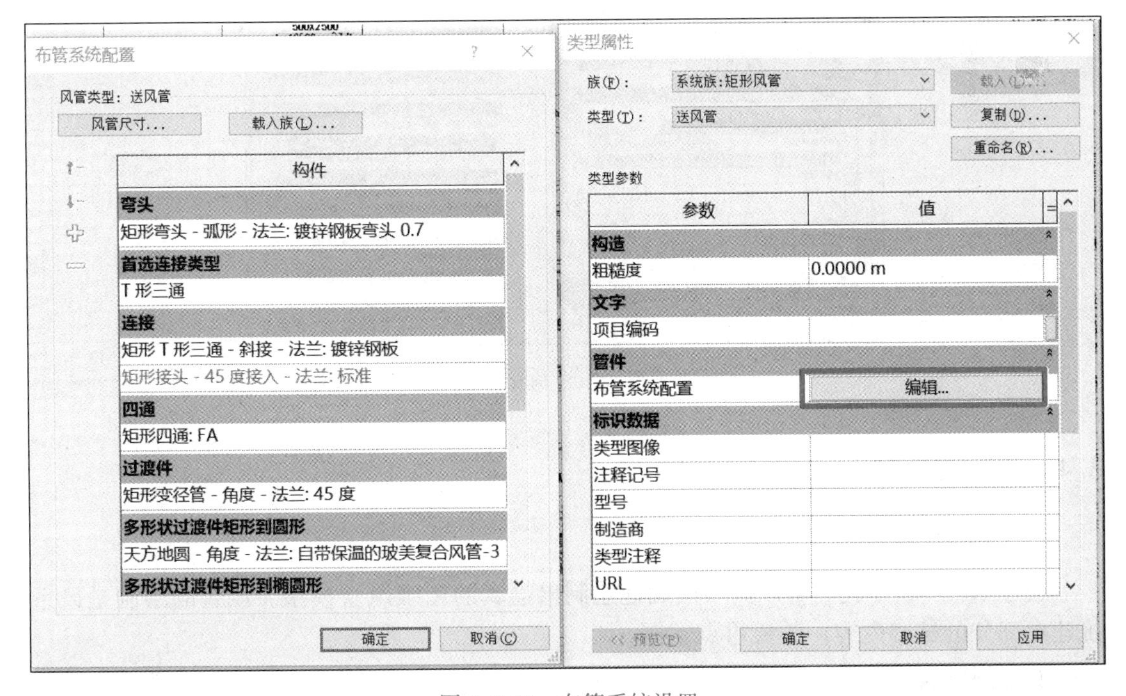

图 1.3-12　布管系统设置

在“布管系统配置”对话框的构件列表中添加相应的弯头、三通、接头、四通、过渡件等管件族。如果管件下拉菜单中没有需要的管件类型，可以通过“载入族”按钮将所需风管管件族载入进来，见图 1.3-13。布管系统配置最终结果如图 1.3-14 所示，其他风系统所涉及风管的风管类型布管系统配置方法均与上述相同。

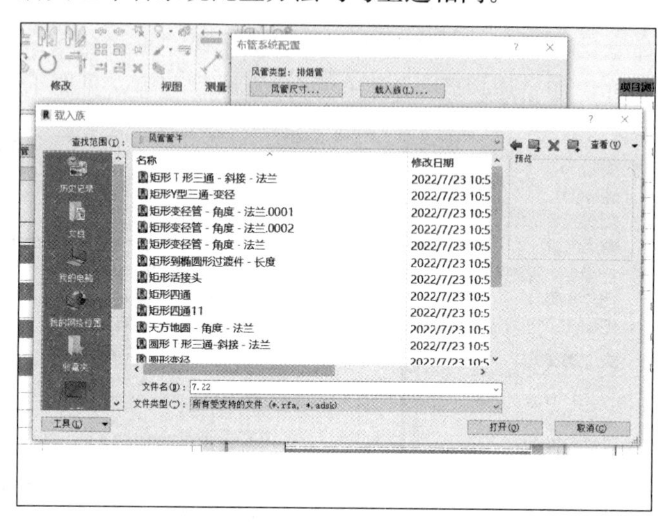

图 1.3-13　布管系统配置中载入需要的风管管件

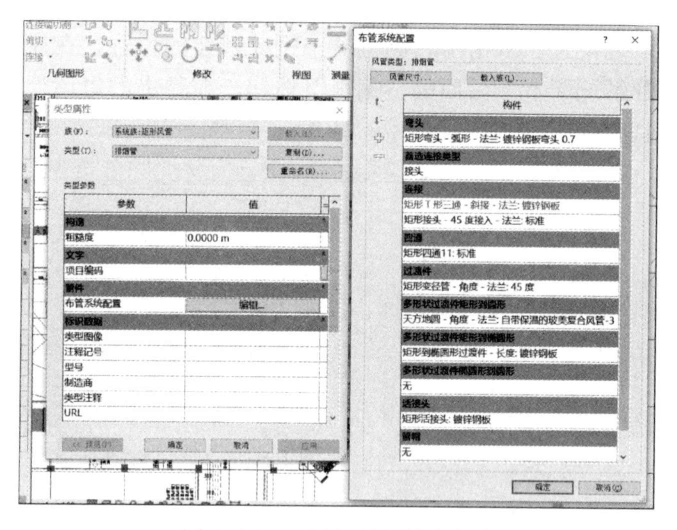

图 1.3-14　布管系统配置结果

3.4　风管的绘制

1. 功能

通过 Revit 软件我们可以高效准确地绘制出逼真的三维风管模型。风管的绘制是风系统建模部分的核心内容，需要重点掌握。

2. 操作步骤

风管的绘制主要分为两种：水平风管与垂直风管。下面以“排风管”为例进行讲解，其他类型风管绘制方法均相同。

第 1 步：设置风管属性。首先在绘图区域左侧“属性”栏中选择风管类型，如选“矩形风管：排风管”类型。在“属性”面板中，可以根据要求设置风管对正方式和参照标高。在“修改 | 风管”的“宽度”“高度”“偏移”栏中，可以根据要求设置风管的宽度和高度以及风管的偏移值。例如，风管宽度和高度分别设置为“1250”“400”（单位为mm），在“水平对正”栏中选择“中心”，“垂直对正”栏中选择“中”，“参照标高”为“-1F”，偏移值为“2600mm”，“系统类型”为“排风系统”，见图 1.3-15。

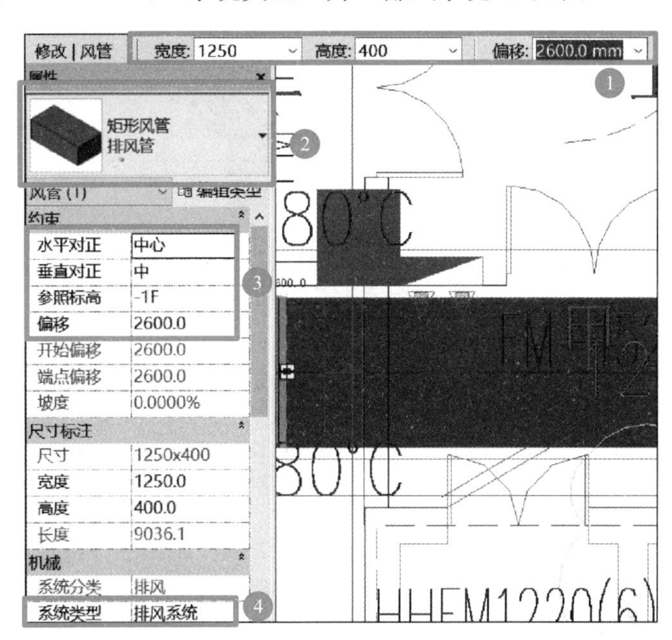

图 1.3-15　设置风管属性

风管绘制

第 2 步：绘制水平风管。选择“系统”选项卡中的“风管”命令，进入风管绘制模式。在绘图区域单击鼠标左键定位水平风管起点，移动鼠标，继续单击，定位水平风管的终点，见图 1.3-16。根据上述操作即可完成图纸中水平风管的绘制。

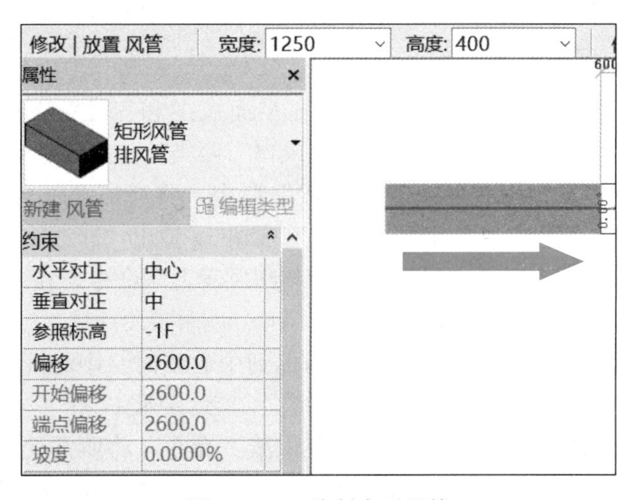

图 1.3-16　绘制水平风管

第 3 步：绘制垂直风管。当水平风管之间出现高差需要连接时，可通过垂直风管进行连接。首先在“系统”选项卡中，选择“风管”。然后在风管端点处单击鼠标左键，确定立管的起始点。然后在“偏移”中输入垂直风管终点的偏移量，最后双击“应用”按钮，软件将生成设置好的一段垂直风管，见图 1.3-17。

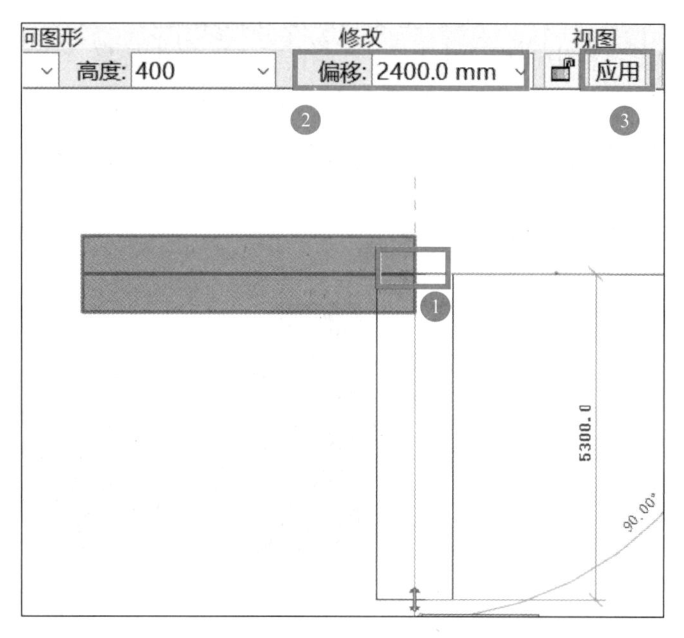

图 1.3-17　绘制垂直风管

3.5　风管附件及设备的添加

1. 功能

风管附件及设备的添加

Revit 软件提供了风管附件及设备添加的功能，通过风管附件及设备的添加，可以实现在风管上添加风口、风管软接管、风管阀门等风管附件及风机等风系统所需连接的机械设备，使所建模型更真实地模拟真实工程。

2. 操作步骤

第 1 步：添加风口。Revit 在平面视图和三维视图中都可以添加风口。风口根据安装位置不同分为“侧风口”与“底风口”两类，首先讲解底风口的绘制方法。

使用“系统”→“风管附件”→“载入族”命令，将所需要的风口载入项目中，见图 1.3-18。然后单击“系统”选项卡中的“风道末端”，弹出“修改｜放置风道末端装置”选项卡，在“布局”面板上激活“风道末端安装到风管上”命令，在“属性”下拉列表中选择所需要的尺寸，例如选择“1000×1000”风口，见图 1.3-19。

将鼠标指针移动至排风风管中心线处，捕捉到中心线时（中心线高亮显示），单击即可完成风口的添加。完成后的排风风管系统如图 1.3-20 所示。

接下来讲解绘制侧风口的方法。使用“载入族”命令，将所需要的风口载入项目中，然后单击“系统”选项卡中的“风道末端”，弹出“修改｜放置风道末端装置”选项卡，在

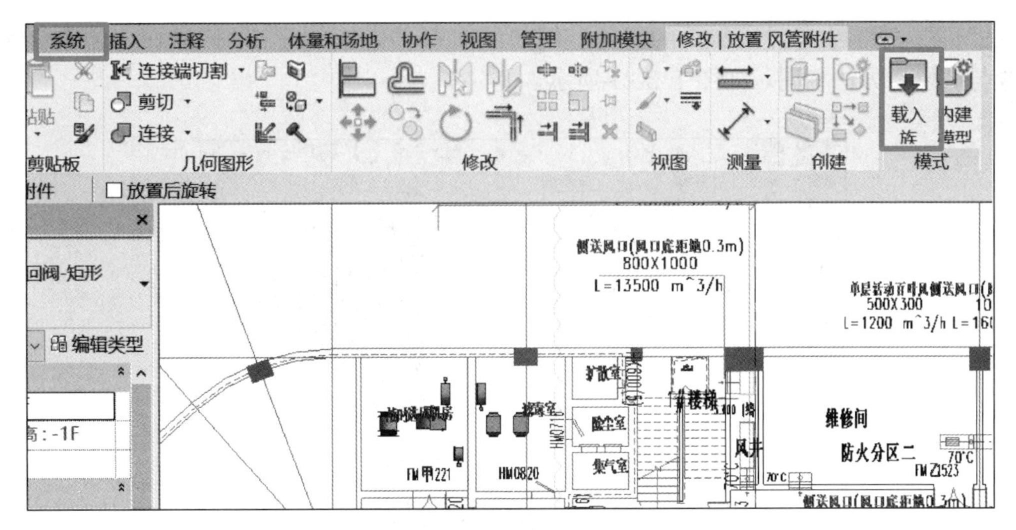

图 1.3-18　载入风口族

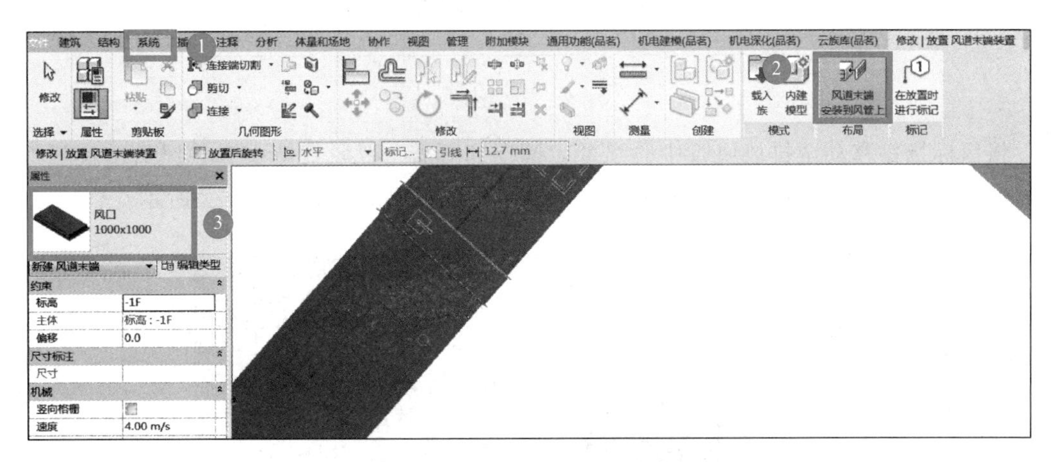

图 1.3-19　选择底风口尺寸类型

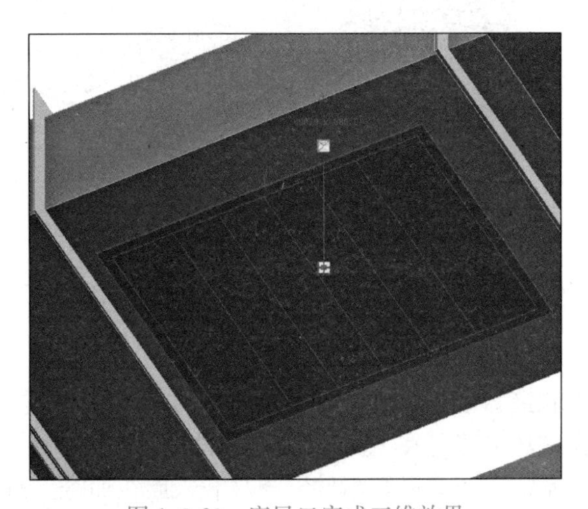

图 1.3-20　底风口完成三维效果

"属性"下拉列表中选择所需要的尺寸，例如尺寸为"800×600"的侧风口，侧风口属性设置与底风口方法相同，如图 1.3-21 所示。

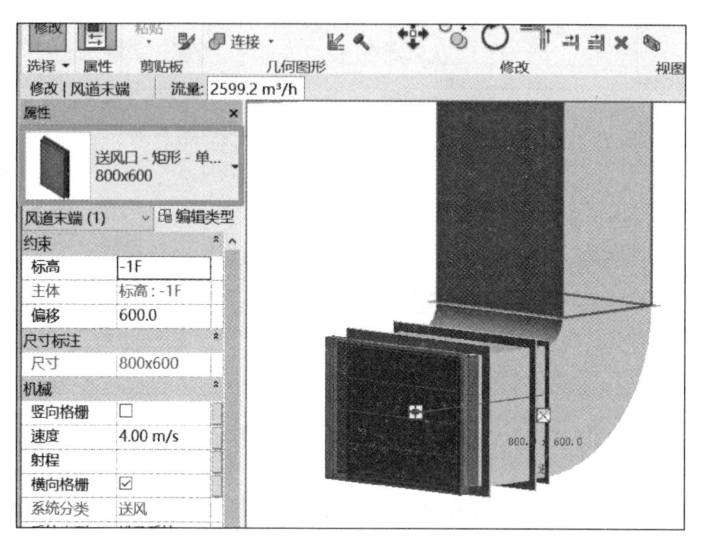

图 1.3-21　选择侧风口尺寸类型

将鼠标指针移动至排风风管中心线处，捕捉到所需布置风管侧面时（风管侧面线框高亮显示），单击即可完成风口的添加。完成后的排风风管系统如图 1.3-22 所示。

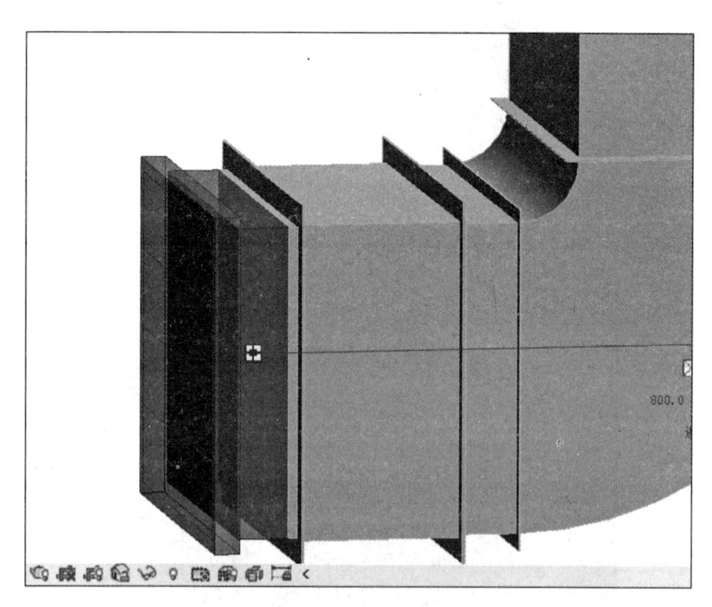

图 1.3-22　侧风口三维效果

第 2 步：添加风管软接管。风管软接管是通风机的入口和出口处的连接风管，其作用是防止风管和风机共振破坏风管，在 Revit 软件中可以在风系统中按照要求布置相应的风管软接管。首先点击"系统"→"风管附件"→"载入族"命令，载入所需风管附件，这里载入"风管软接-方形"风管附件族，见图 1.3-23，其他风管附件族载入方法相同。

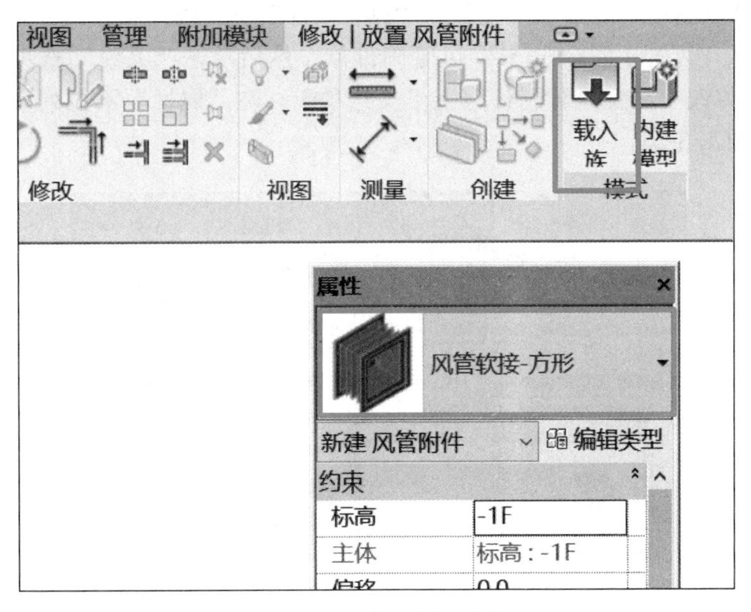

图 1.3-23 载入风管软接

按照导入的 CAD 图纸上风管软接位置，将鼠标移动至下端风管中心线上，单击鼠标左键，软件将自动在点击位置的风管上生成所需“风管软接头”风管附件，参见图 1.3-24。

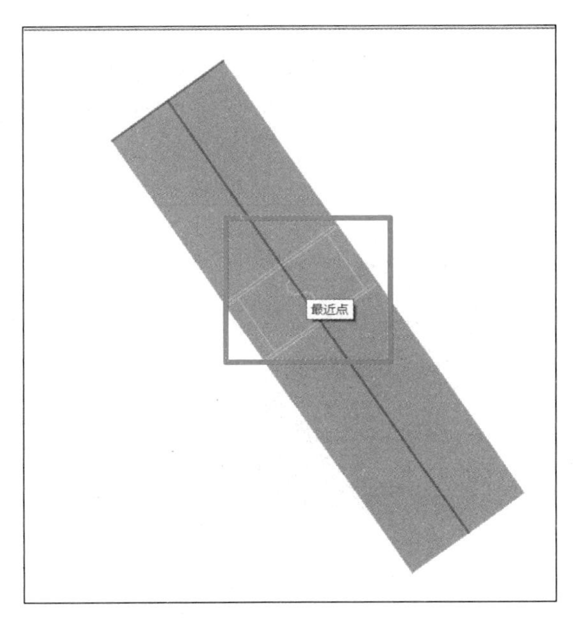

图 1.3-24 在风管上放置风管软接头

第 3 步： 添加风管阀门。风管阀门是很重要的一类风管附件，其起到调节和分配风管系统风量的作用。我们在 Revit 中可以根据工程图纸的要求，在管道上添加止回阀和防火阀等各类阀门。这里以“防火阀”为例进行讲解，其他阀门添加方法与之相同。

Revit 在平面视图和三维视图中都可以添加阀门。首先，使用“载入族”命令，将所

需要的阀门载入项目中，点击“系统”→“风管附件”→“载入族”命令，载入所需风管阀门，这里载入“风管止回阀-矩形”风管附件族。然后单击“系统”选项卡中的“风管附件”，弹出“修改 | 放置风管附件”上下文选项卡，在“属性”下拉列表中选择所需要的防火阀，见图 1.3-25。

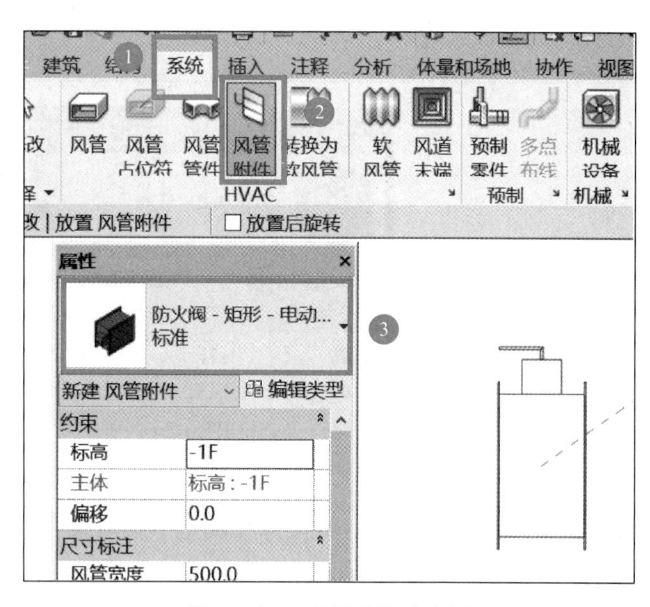

图 1.3-25　选择风管防火阀

将鼠标指针移动至排风风管中心线处，捕捉到中心线时（中心线高亮显示），单击鼠标左键即可完成该防火阀的添加，防火阀的尺寸将自动匹配安装位置风管的尺寸，见图 1.3-26。

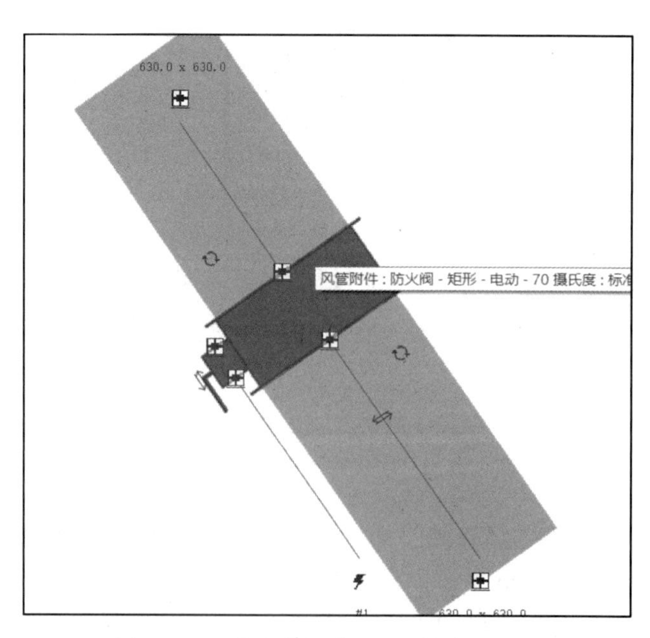

图 1.3-26　将防火阀放置于风管中心线上

第 4 步：风系统设备的添加。风系统中涉及风机等机械设备，下面以“排烟风机”为例，讲解其在 Revit 中的添加方法，其他机械设备添加方法均与之相同。选择菜单栏中的“系统”→“机械设备”命令，在“属性”栏选择所需载入的机械设备，如图 1.3-27 所示。然后根据图纸要求设置机械设备的偏移量，设置“偏移”值为“100”，配合运用“对齐”命令，将其放置导入的 CAD 底图中对应的位置上，见图 1.3-27。

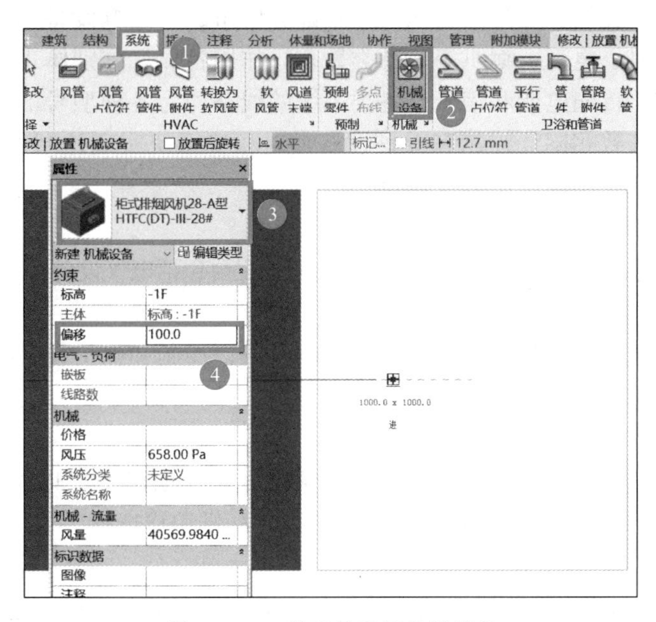

图 1.3-27 放置风系统机械设备

任务 4 电气系统建模

能力目标（表1.4-1）

电气系统建模能力目标 表 1.4-1

电气系统建模能力	1. 电气系统图纸识读能力
	2. 电气设备的添加能力
	3. 线管的绘制能力
	4. 电缆桥架的绘制能力

概念导入

1. 建筑电气系统

建筑电气系统是以建筑为平台，以电气技术（含电力技术、信息技术及智能化技术等）为手段，在有限空间内，创建一个人性化生活环境的电气系统。民用建筑电气系统的基本任务：一是以传输、分配、转换电能为标志，实现电能供应、输配、转换和利用，如配电柜、配电箱、控制箱、照明电器、动力设备控制等；另一个是以传输信号，进行信息交换为标志，实现各类信息的获取、传输、处理、存储、显示和应用，能为人们提供舒适、便利、安全的建筑环境。如：通信系统、火灾自动报警系统、CATV 系统、安全防范系统等。习惯上，前者称之为“强电”，后者称之为“弱电”。建筑电气系统一般都是由用电设备、配电线路、控制和保护设备三大基本部分所组成。用电设备如照明灯具、家用电器、电动机、电视机、电话、喇叭等，种类繁多，作用各异，分别体现出各类系统的功能特点。配电线路用于传输电能和信号。各类系统的线路均为各种型号的导线或电缆，其安装和敷设方式也都大致相同。控制和保护设备是对相应系统实现控制保护等作用的设备。这些设备常集中安装在一起，组成配电盘、柜等。

2. 电气设备设置

Revit 提供电气系统中设置各种电气设备的功能，主要包括电气设备、电缆桥架和线管等。

3. 电气设备

在电气系统中包含多种类型的设备，有用电设备、控制和保护设备，如配电盘、照明设备、开关装置、插座以及接线盒等。

4. 线管

Revit 提供“线管”命令，可以创建线管管路，在选项栏中可以设置线管的“直径”和“偏移”，有“带配件的线管”和“无配件的线管”供用户选择。

5. 电缆桥架

Revit 提供梯式或槽式的电缆桥架，管件包括弯通、三通、四通、过渡件和活接头等。

子任务清单（表1.4-2）

子任务清单　　表 1.4-2

序号	子任务项目	备注
1	电气系统概述及图纸识读	用电设备、配电线路、控制和保护设备等
2	电气设备的添加	添加配电箱、灯具和开关等，创建照明系统
3	线管的绘制	水平线管、竖向线管
4	电缆桥架绘制	水平桥架、竖向桥架

任务分析

本任务内容主要为建筑电气系统建模，包括电气系统设置、电气设备添加、电缆桥架绘制、线管绘制等，是 Revit 设备建模的主要任务之一，每个使用者都必须牢固掌握。

电气系统概述及图纸识读

4.1　电气系统概述及图纸识读

对电气系统施工图的正确识读，是准确建立 Revit 电气系统的重要前提。一套完整的电气系统施工图，应包括图样目录、设计与施工说明、设备表、设计图样、计算书等。其中设计图样一般由平面图、剖面图、系统轴测图、系统原理图和详图组成。我们在进行 Revit 电气系统建模的时候，主要信息均包含于平面图中。此外，剖面图和详图包含设备与设备、桥架与设备、照明设备、建筑梁、板、柱、墙及地面的尺寸关系等信息，对 Revit 建模也具有重要的作用。

Revit 建模所涉及的电气系统主要指用电设备、配电线路、控制和保护设备三大基本部分。本任务主要学习上述系统中电气设备的添加、线管的绘制、电缆桥架的绘制等内容，是 Revit 建模过程中的重要内容。

4.2 电气设备的添加

电气设备的添加

1. 功能

通过 Revit 软件，我们可以方便高效地添加各类电气设备。由于电气设备种类较多，本节以添加配电箱、灯具和开关为例，最后组成简单的照明系统，学员可以根据自己的需求添加不同的电气设备。

2. 操作步骤

本节将介绍照明系统，并对照明系统进行编辑。其他电气设备的添加、放置方法均相同，本文不再赘述。

第 1 步：绘制参照平面。由于未连接建筑模型，无法放置配电箱，需要先设置一个参考平面。在“项目浏览器”中，选择“视图”→“电气”→“照明”→“楼层平面”→“1-照明”楼层平面，“系统”中选择“工作平面”中的“参照平面”，在绘图区从上往下绘制一个参照平面，见图 1.4-1。

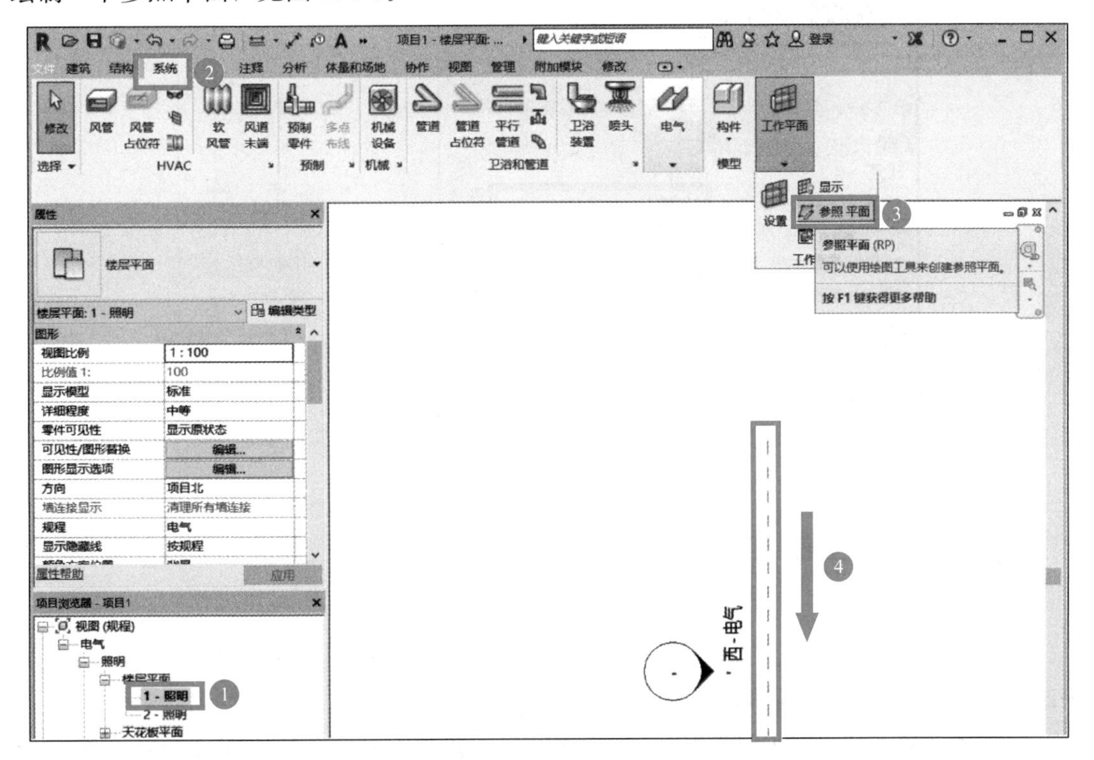

图 1.4-1　绘制参照平面

第 2 步：添加照明配电箱。选择“系统”选项卡中的“电气设备”，在“属性”面板“配电箱”中选择“照明配电箱 LB101”，放置在楼层平面“1-照明”，见图 1.4-2。

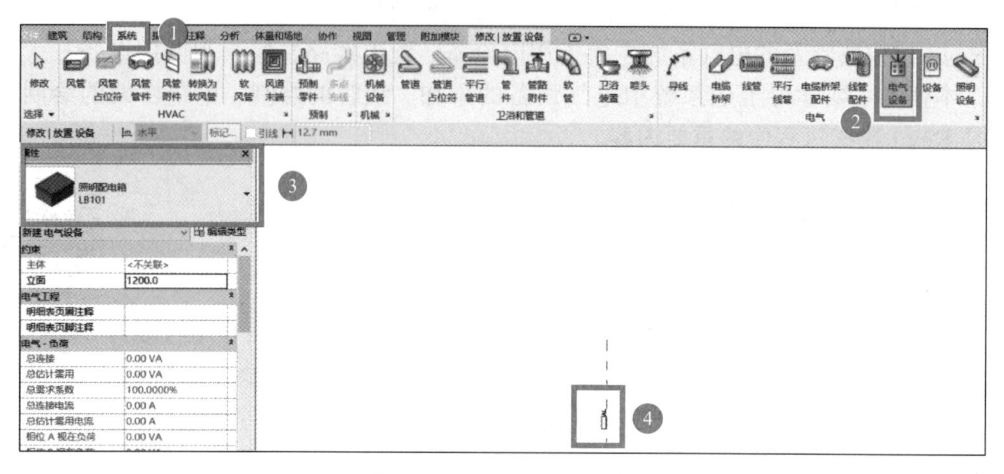

图 1.4-2　添加照明配电箱

第 3 步：设置照明配电箱属性。鼠标左键选中上一步添加的照明配电箱，可按空格键旋转照明配电箱方向，鼠标左键可以拖拽到需要的位置，通过“属性”中的“立面”可修改照明配电箱的位置高度为“1800”，见图 1.4-3。

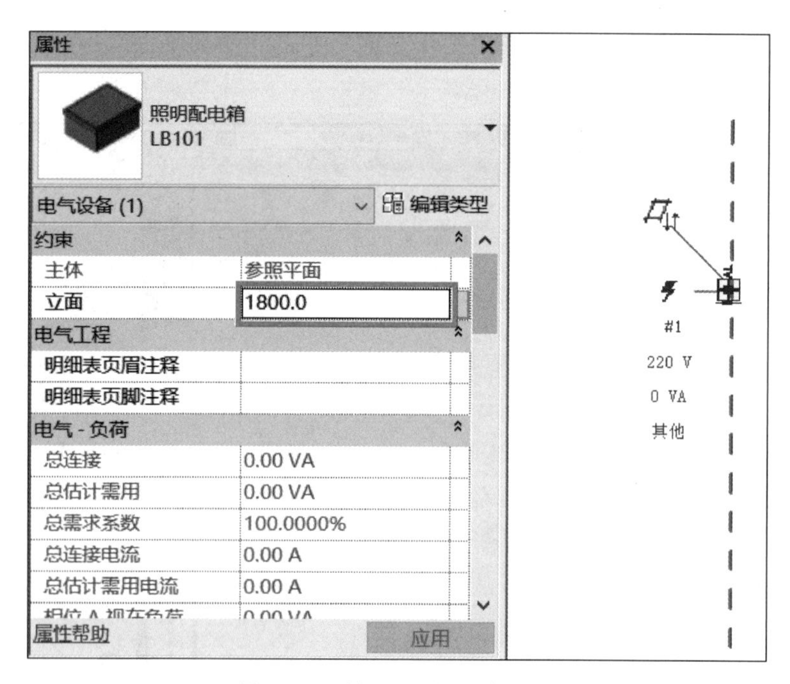

图 1.4-3　设置照明配电箱属性

第 4 步：添加灯具。在“系统”选项卡中选择“照明设备”，在下拉框中选择“无装饰暗装照明设备”，设置偏移为“2500”，见图 1.4-4。

第 5 步：放置灯具。上一步中无法直接在绘图区放置灯具，放置设备时需要拾取主

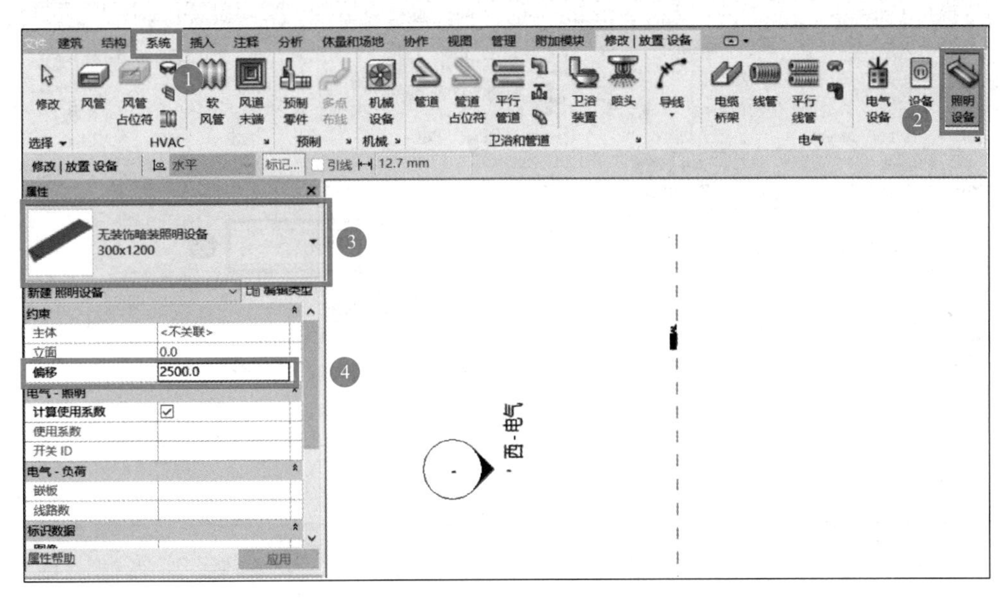

图 1.4-4 添加灯具

体，在“修改 | 放置设备”选项卡中的“放置”中选择“放置在工作平面上”，然后放置照明设备，见图 1.4-5。

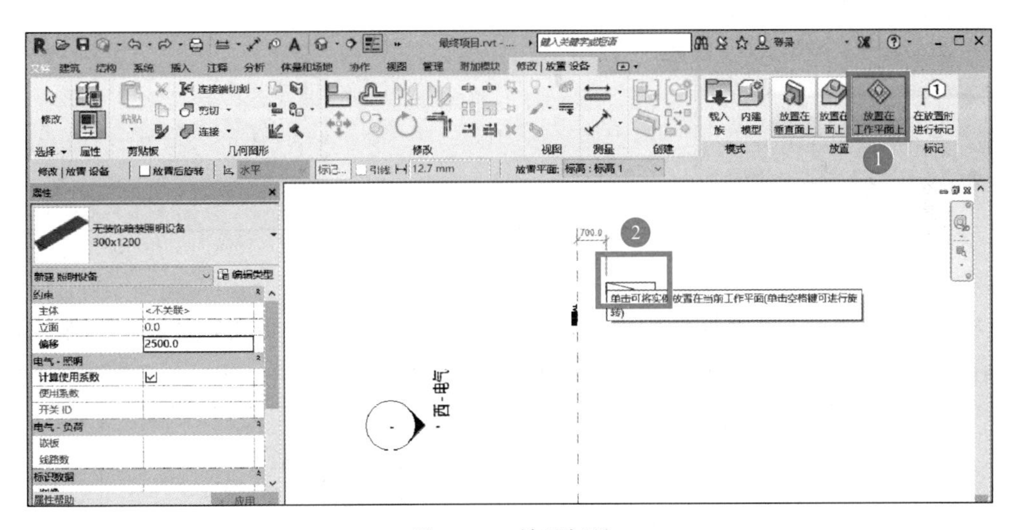

图 1.4-5 放置灯具

第 6 步：复制多个灯具。单击已添加的灯具设备，在“修改 | 照明设备”选项卡中选择“复制”，勾选“多个”，选择灯具的一个基点，光标稍微往右移动，键入“2500”，按回车，第二个设备即被复制出来放置在距离原设备 2500mm 处，继续往右移动，输入“2500”，按回车，即可复制第三个灯具，以此类推，可以连续复制多个同属性的灯具，见图 1.4-6。

第 7 步：添加开关。在“系统”选项卡中选择“设备”，在“属性”选择“单控暗开关”中的“1 位”，见图 1.4-7。

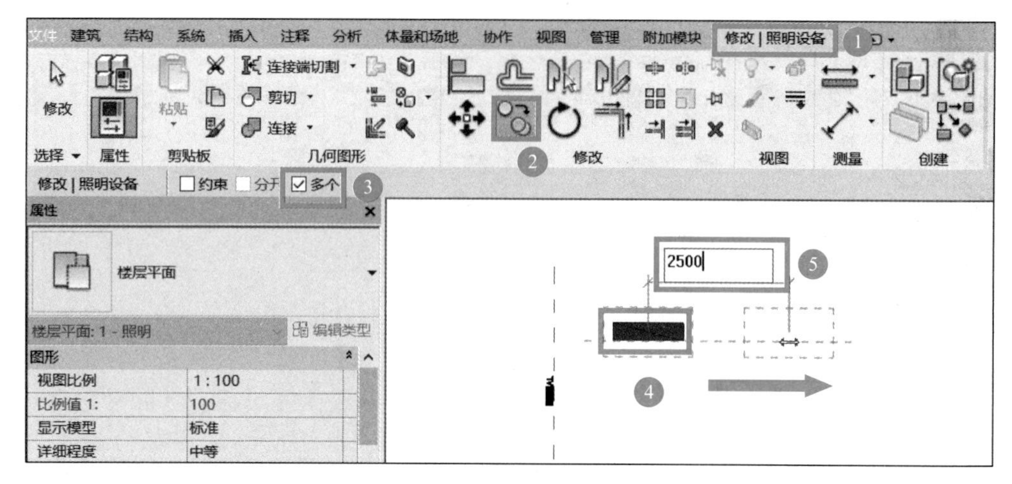

图 1.4-6　复制多个灯具

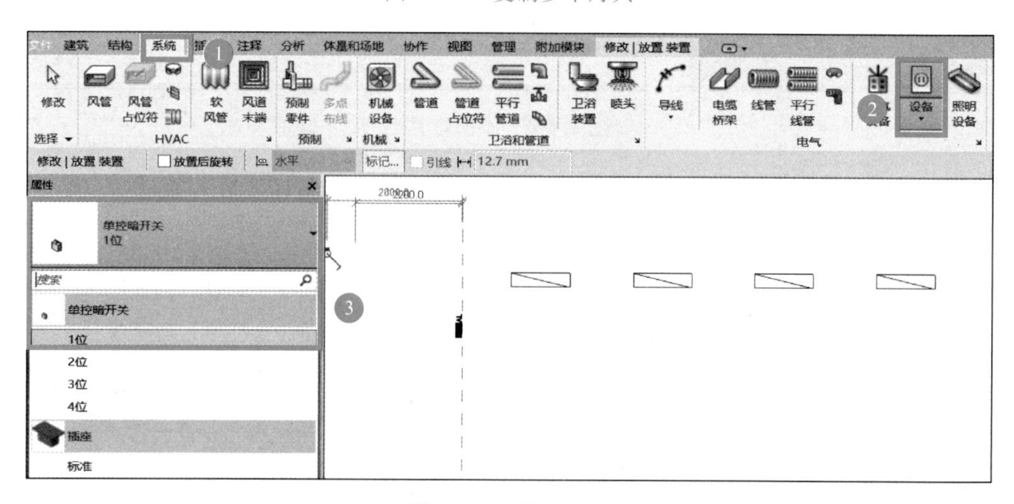

图 1.4-7　添加开关

第 8 步：放置开关。在属性中设置偏移为“1200”，根据需要放置开关，一般放置在墙上，按空格键可以旋转开关方向，见图 1.4-8。

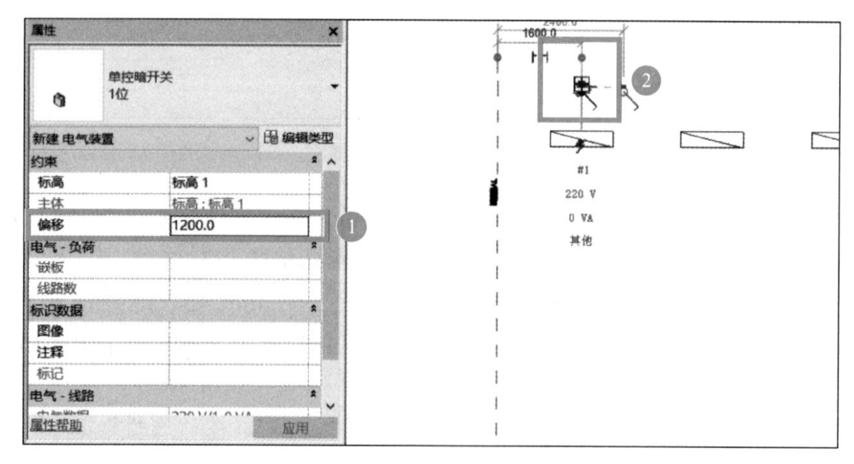

图 1.4-8　放置开关

第 9 步：创建照明系统。按住“Ctrl”键或者框选之前放置的 4 个灯具及 1 个开关，单击“修改 | 选择多个”选项卡下的“电力”按钮。见图 1.4-9。

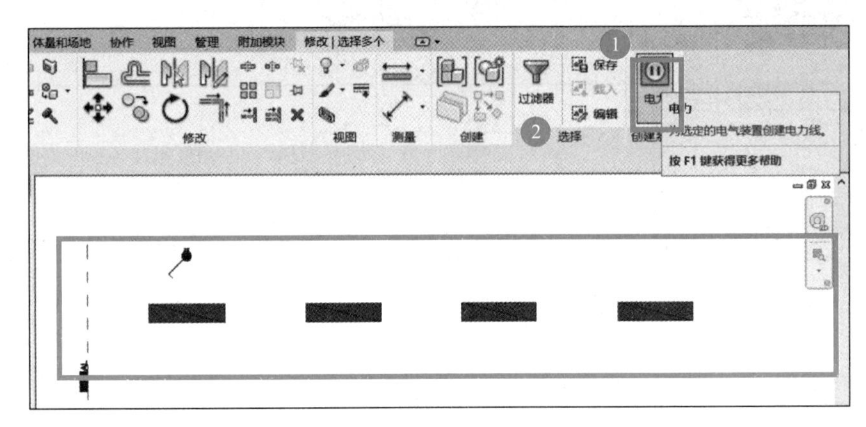

图 1.4-9　创建照明系统

第 10 步：编辑线路。选择任一个照明系统里的设备，选择“电路”选项，点击“编辑线路”，见图 1.4-10。

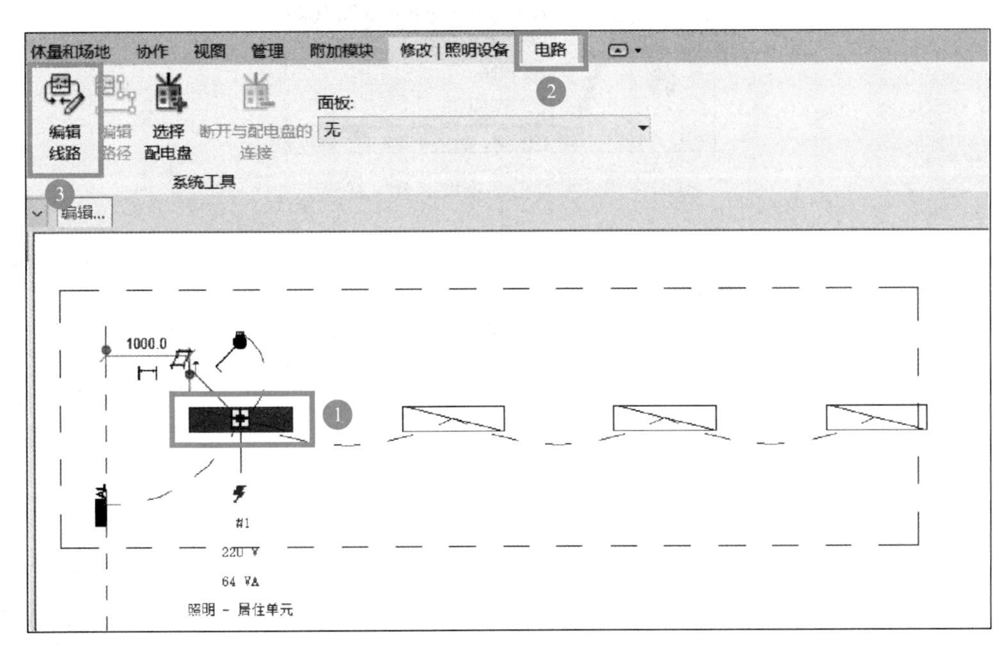

图 1.4-10　编辑线路

第 11 步：添加/删除线路。在“编辑线路”中，通过“添加到线路”或“从线路中删除”，可添加设备到线路中或删除线路中的设备，最后点击“完成编辑线路”即可，见图 1.4-11。

切换到 3D 视图，修改精细程度为“精细”，视觉样式为“着色”，见图 1.4-12。

绘制完成后的电气照明系统见图 1.4-13。

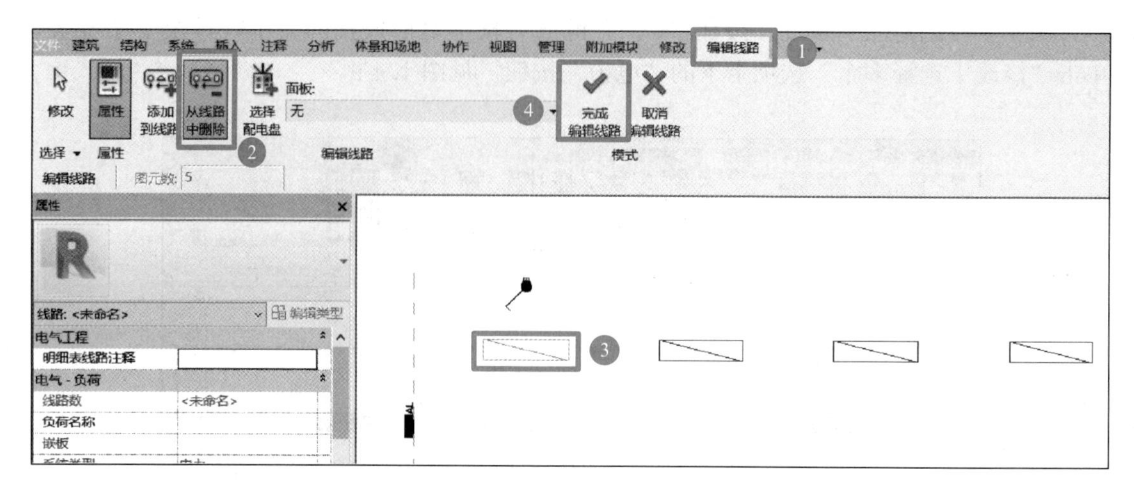

图 1.4-11　添加/删除线路

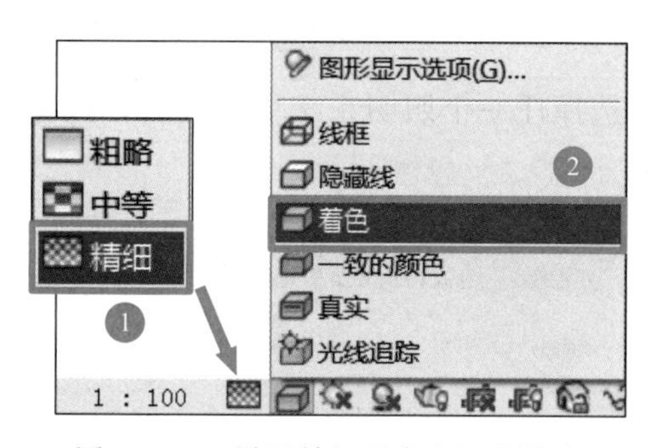

图 1.4-12　设置精细程度和视觉样式

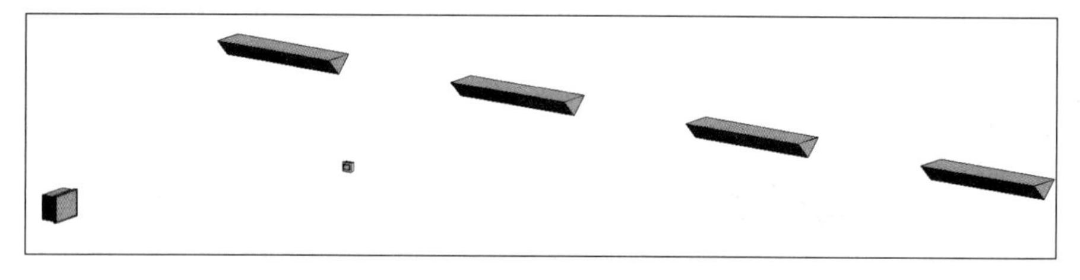

图 1.4-13　绘制完成后的电气照明系统

4.3　线管的绘制

线管的绘制

1. 功能

通过 Revit 软件，我们可以方便高效地创建和编辑线管。一般工程对线管绘制要求不高，所以本节只做简要介绍。

2. 操作步骤

第 1 步：设置线管、线管配件可见性。样板默认线管和线管配件是不可见的，所以需要先设置其可见性。切换到楼层平面“1-照明”，点击属性中的可见性/图形替换“编辑”（或者输入快捷键“VG”），勾选“线管”和“线管配件”，点击“确定”，见图 1.4-14。

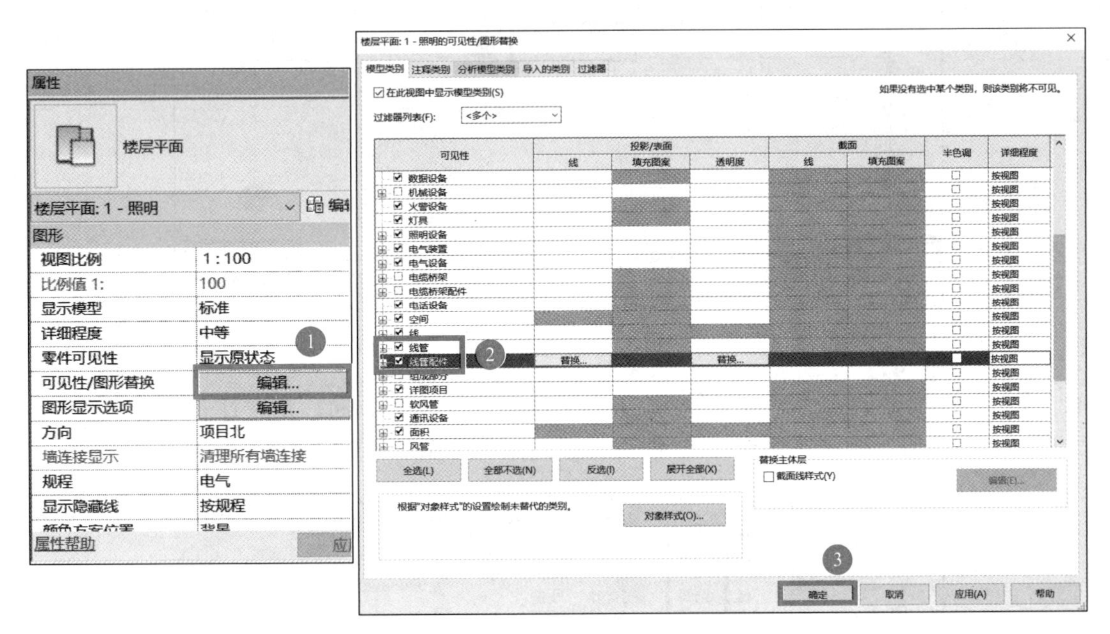

图 1.4-14　可见性/图形替换设置

第 2 步：创建线管。切换到楼层平面“1-照明”，选择“系统”选项卡下的“线管”，选择“无配件的线管-刚性非金属导管”类型，设置“偏移”为“3000”，见 1.4-15。

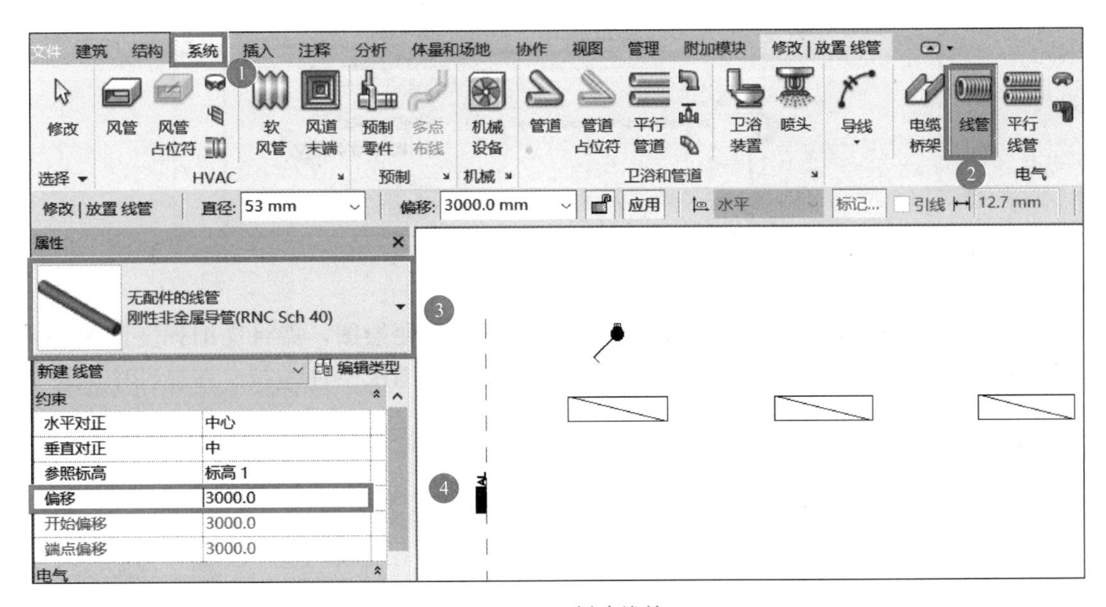

图 1.4-15　创建线管

第 3 步：绘制水平线管。鼠标为十字光标（即处于绘制线管的命令），在第一个灯具的中心位置点击，光标水平往右移动，键入“7500”，回车，双击“Esc”键，完成此次命令，见图 1.4-16。

第 4 步：切换至剖面。俯视图无法放置竖向线管，需切换到剖面视图中进行绘制。选

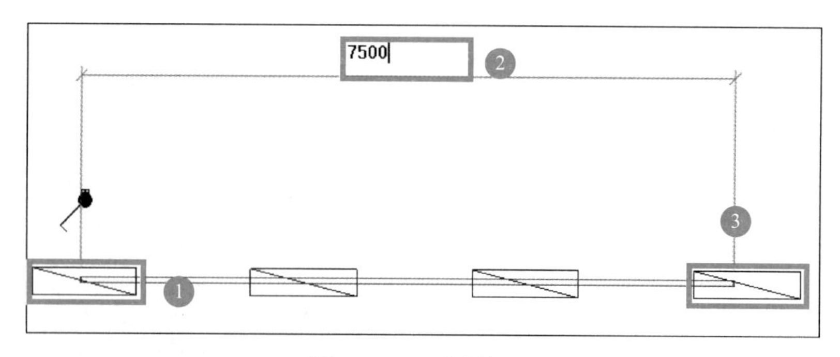

图 1.4-16　绘制管线

择“视图”选项卡下的“剖面”命令，在线管接线盒左下角方向，从左往右绘制一个“剖面 1”，点右键后选择“转到视图”，即可转至剖面，见图 1.4-17。

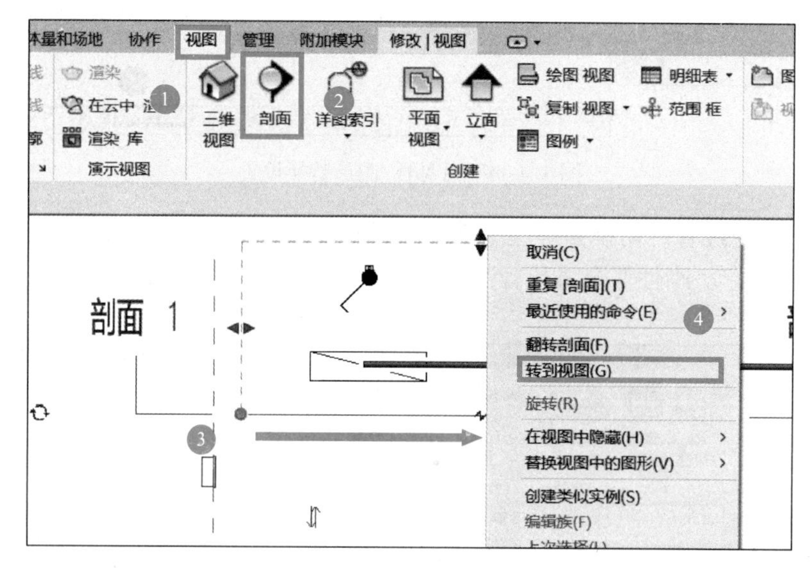

图 1.4-17　切换至剖面

第 5 步：设置剖面。初始剖面为粗略的线框，不方便绘图，需将详细程度设为“精细”，视觉样式设为“着色”或“一致的颜色”，视图范围水平往左拉。在属性中，设置“子规程”为“照明”，见图 1.4-18。

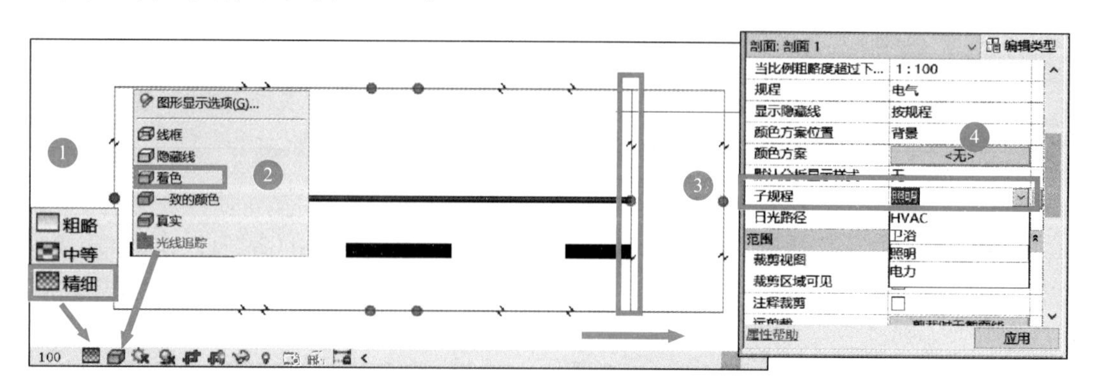

图 1.4-18　设置剖面

第 6 步：绘制竖向线管。选择“系统”选项卡下的“线管”，选择“无配件的线管-刚性非金属导管”，点击前面已绘制的水平线管最左端，向下绘制至灯具上方，见图 1.4-19。

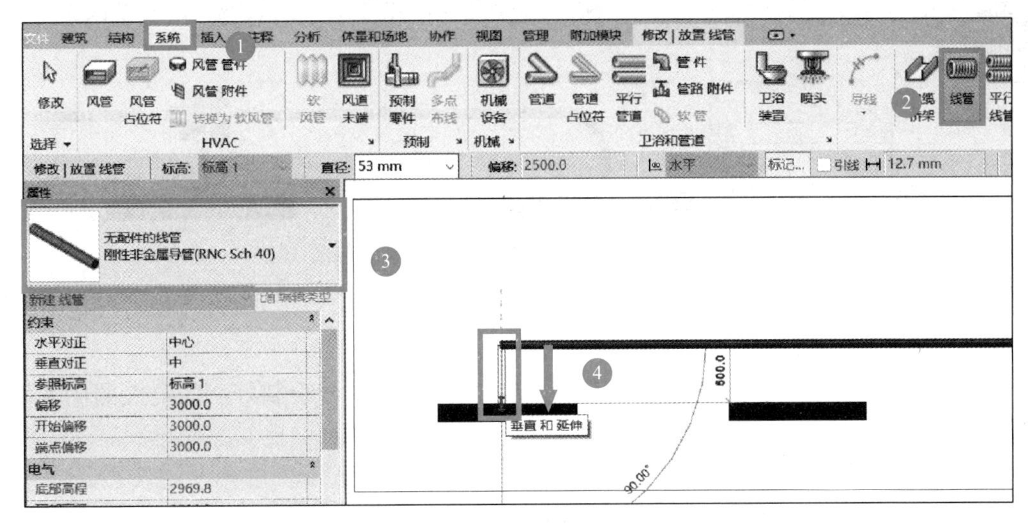

图 1.4-19　放置竖向线管

系统会自动生成带弯头的竖直线管，见图 1.4-20。

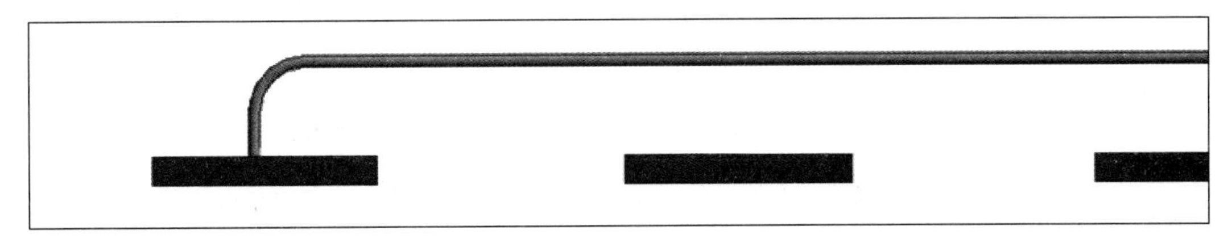

图 1.4-20　带弯头的竖直线管

第 7 步：绘制带三通的竖直线管。选择“系统”选项卡下的“线管”，选择“无配件的线管-刚性非金属导管”，点击灯具上的线管，向下绘制至灯具上方，见图 1.4-21。绘制好后，会自动生成一个 T 形三通，见图 1.4-22。

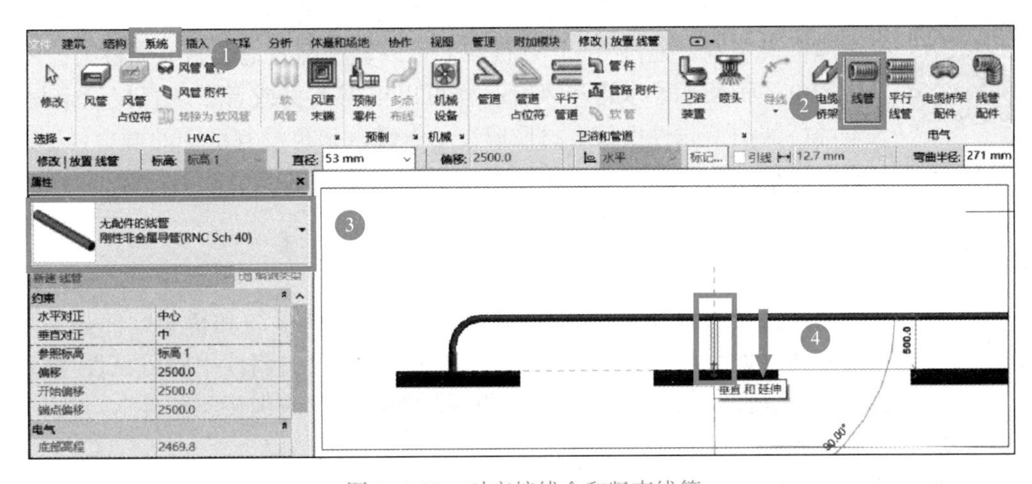

图 1.4-21　对齐接线盒和竖直线管

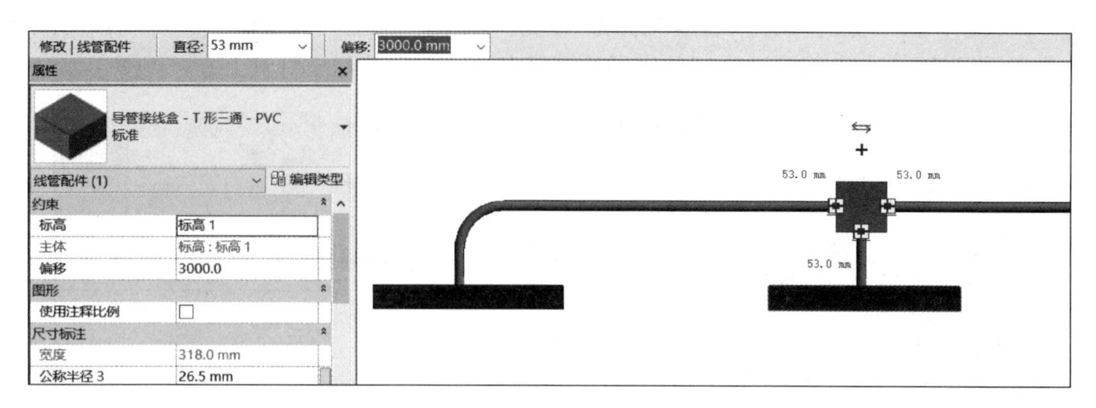

图 1.4-22　自动生成的 T 形三通

继续绘制剩余的其他竖向线管，完成后切换到 3D 视图，绘制好后的电气照明系统和线管效果见图 1.4-23。

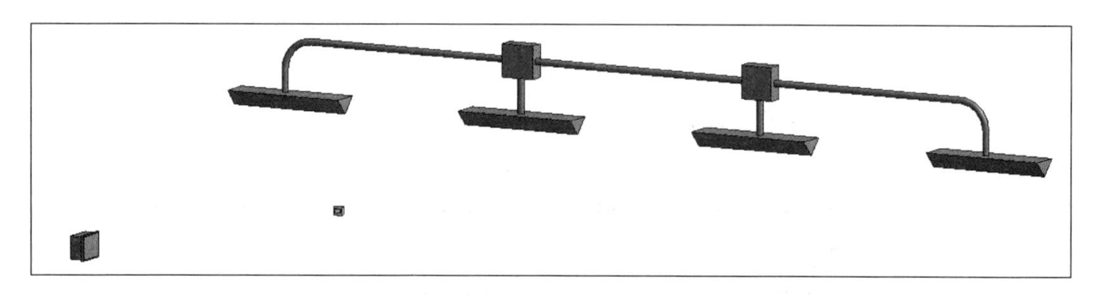
图 1.4-23　绘制好后的电气照明系统和线管

4.4　电缆桥架的绘制

1. 功能

电缆桥架不仅可以保护电缆电线不受外界因素损坏，还可以保障我们日常用电的安全。电缆桥架是使电线、电缆、管缆铺设达到标准化、系列化、通用化的电缆铺设装置。通过 Revit 软件我们可以轻松高效地绘制电缆桥架。Revit 中的电缆桥架不像水管和风管一样可以根据类型或者系统直接设定材质，电缆桥架类型属性中没有材质属性，电缆桥架也没有系统的概念，所以也没办法像水管和风管一样根据系统指定材质。电缆桥架配件包括弯头、T 形三通、Y 形四通、四通及其他活接头。

电缆桥架绘制

2. 操作步骤

第 1 步：设置电缆桥架、电缆桥架配件可见性。样板默认电缆和桥架配件是不可见的，所以需要先设置其可见性。切换到楼层平面“1-照明”，点击属性中的可见性/图形替换“编辑”（或者输入快捷键“VG”），勾选“电缆桥架”和“电缆桥架配件”，点击“确定”，见图 1.4-24。

第 2 步：选择电缆桥架。切换到楼层平面“1-照明”，选择“系统”选项卡下的“电

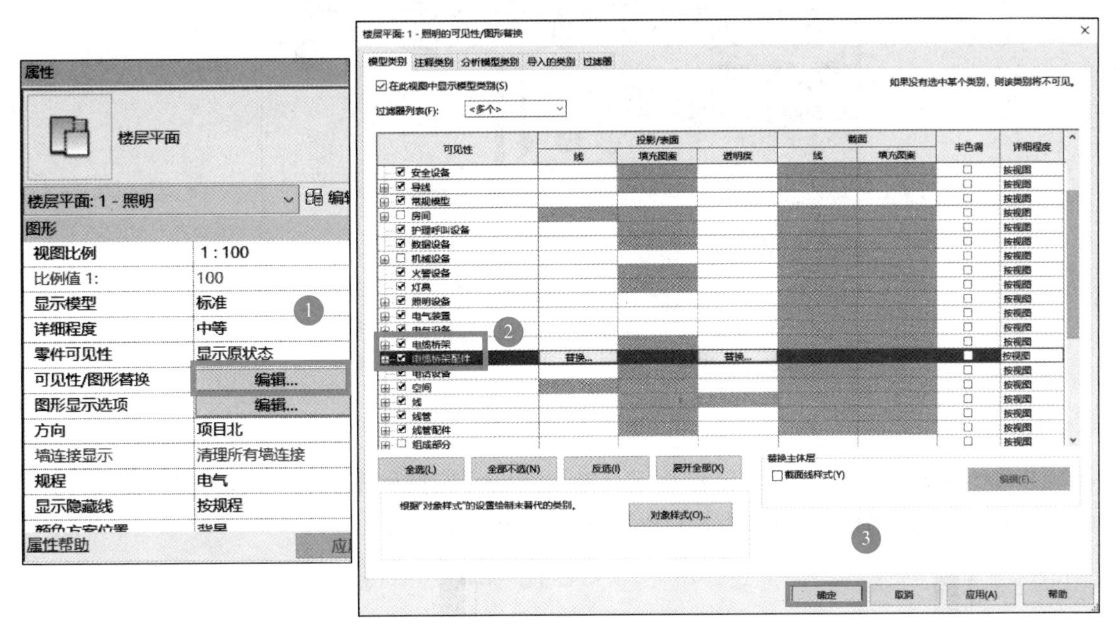

图 1.4-24　可见性/图形替换设置

气”，选择“电缆桥架”，属性中选择“带配件的电缆桥架-槽式电缆桥架”，修改属性中的“偏移”为“3200”，点击“应用”，见图 1.4-25。

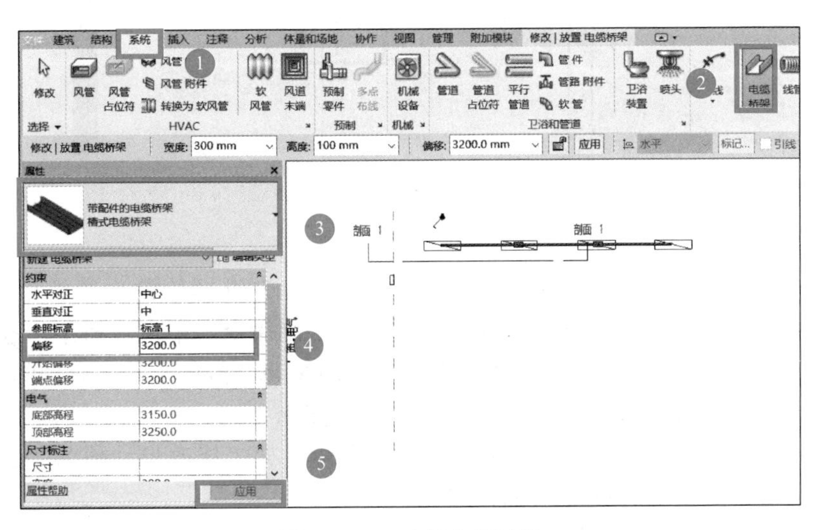

图 1.4-25　选择电缆桥架

第 3 步：绘制电缆桥架。当光标变成十字说明已经处于绘制电缆桥架命令，修改宽度为“200mm”，点击绘图区开始向下绘制电缆桥架，鼠标竖直向下移，键入“3000”按回车键，鼠标继续往右移，键入“6000”按回车键，按“Esc”键，结束当前电缆桥架的绘制，竖直方向和水平方向桥架的相交会自动生成弯通管件，见图 1.4-26。

第 4 步：绘制电缆桥架三通弯头。光标依旧是十字，说明当前命令还是画桥架。如果已经退出了绘制电缆桥架操作，可以回到第 2 步选择电缆桥架，继续本步骤的操作。点击

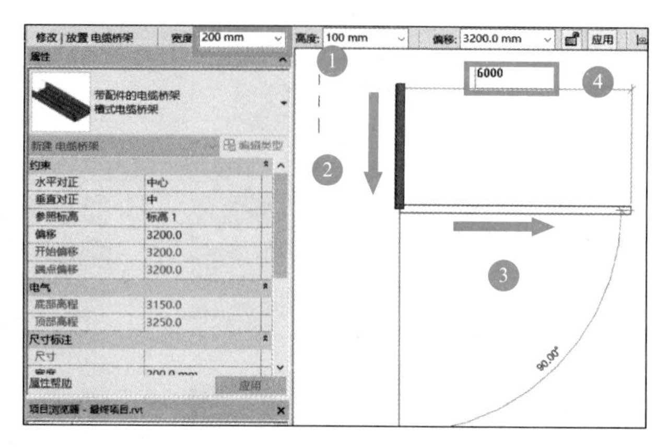

图 1.4-26　绘制电缆桥架

在第 2 步绘制好的电缆桥架，鼠标往下，键入“2000”按回车，按“Esc”键，结束当前电缆桥架的绘制，图中三通弯头为自动生成，见图 1.4-27。

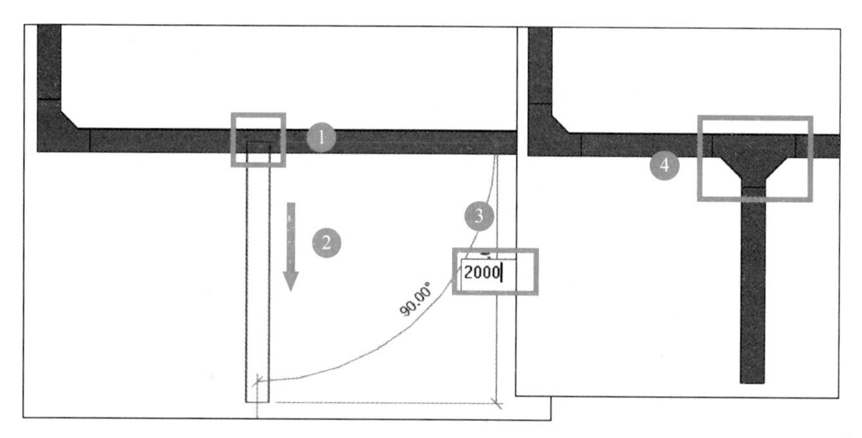

图 1.4-27　绘制电缆桥架三通弯头

第 5 步：修剪/延伸电缆桥架。在已画好的桥架上方继续绘制一段桥架，长度大于 5000mm 即可，连续按两次“Esc”键退出电缆桥架绘制命令。单击该桥架，选择“修改”选项卡中的“修剪/延伸单个图元”，单击要延伸到的桥架，再单击需要延伸的桥架，则会自动生成三通弯头，按“Esc”键退出当前命令，见图 1.4-28。

第 6 步：修改电缆桥架长度。单击已画好的电缆桥架，修改尺寸值为“6000”，按回车，完成电缆桥架的长度的修改，见图 1.4-29。

第 7 步：拆分电缆桥架。单击已画好的电缆桥架，点击“修改”选项卡中的“拆分图元”，点击电缆桥架左侧 1000 处，再点击电缆桥架右侧 1000 处，按两次“Esc”键，退出拆分图元命令，见图 1.4-30。

第 8 步：删除拆分的电缆桥架和活接头。点击被拆分的电缆桥架，按“Delete”键删除，点击左右两侧的“槽式 _ 活接头”，按“Delete”键删除，见图 1.4-31。

第 9 步：绘制不同高度的电缆桥架。点击已绘制好的电缆桥架，在“修改 | 放置电缆桥架”中选择“创建类似”，偏移改为“2400mm”，与左右两边的桥架对齐画桥架，从左往右绘制 3500mm 的电缆桥架，见图 1.4-32。

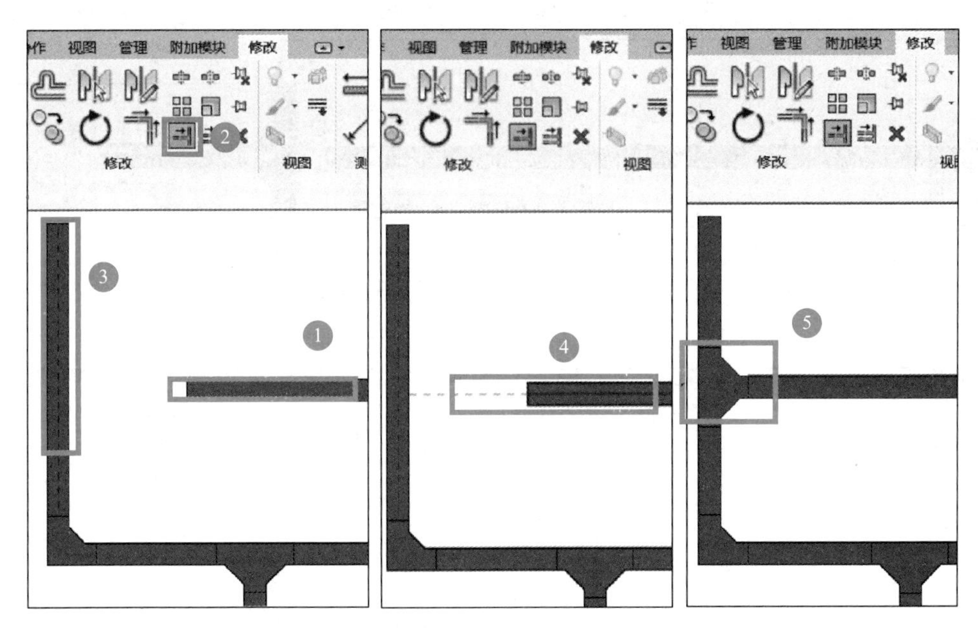

图 1.4-28 修剪/延伸电缆桥架

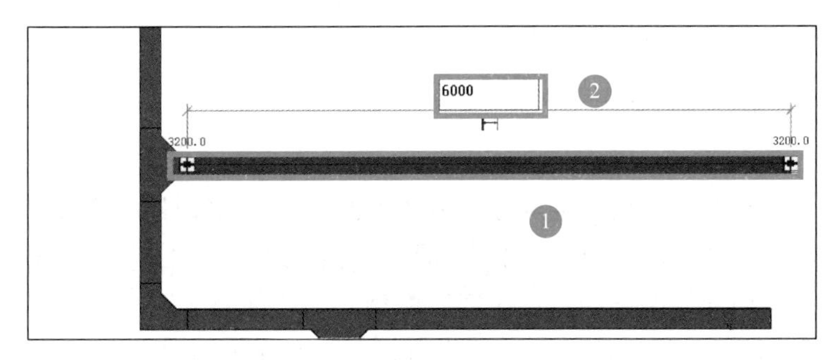

图 1.4-29 修改电缆桥架长度

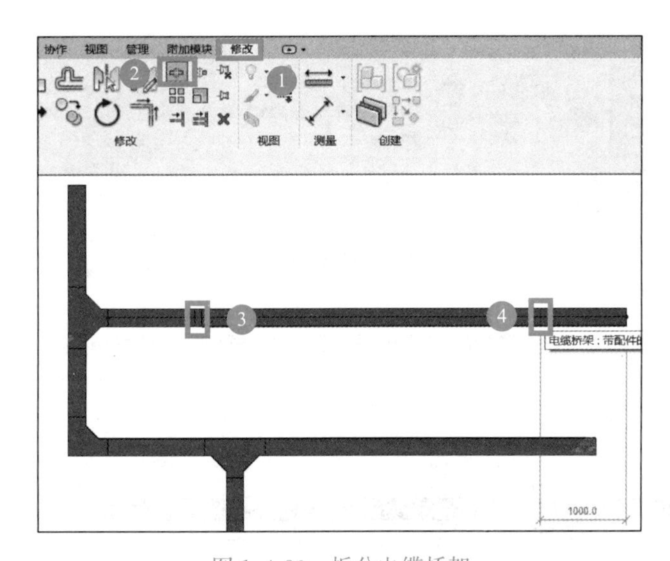

图 1.4-30 拆分电缆桥架

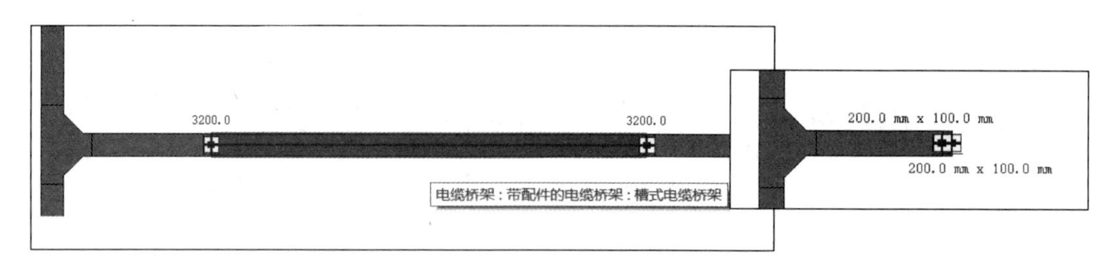

图 1.4-31　删除拆分的电缆桥架和活接头

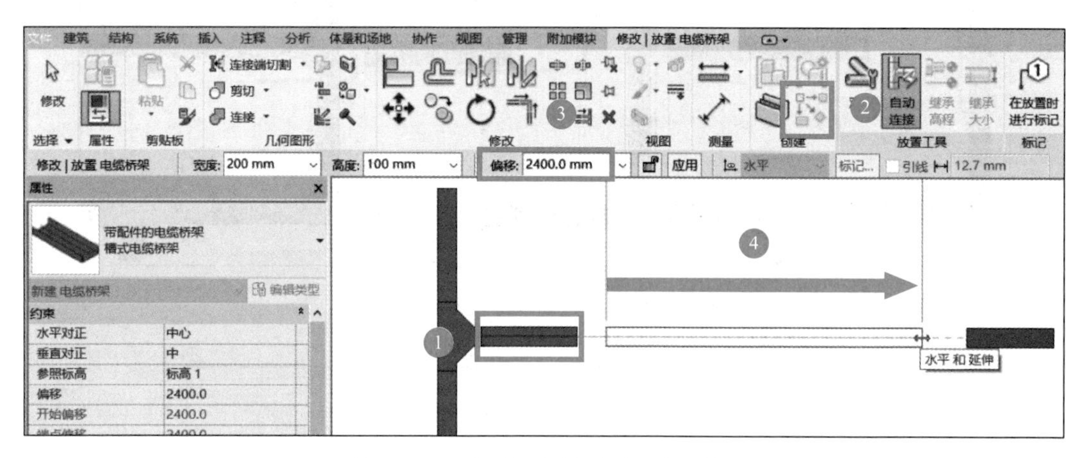

图 1.4-32　绘制不同高度的电缆桥架

第 10 步：切换到剖面。为方便绘制竖直电缆桥架，需要切换到立面。此处由于有两段电缆桥架，为防止干扰，重新绘制剖面，而不是直接进入立面。选择“视图”选项卡下的“剖面”，从两段横向桥架中间，从左往右绘制一个“剖面 2”，右击选择“转到视图”，即可转至剖面，见图 1.4-33。关于剖面的设置同“4.3 线管的绘制”中的第 4、5 步，此处不再重复。

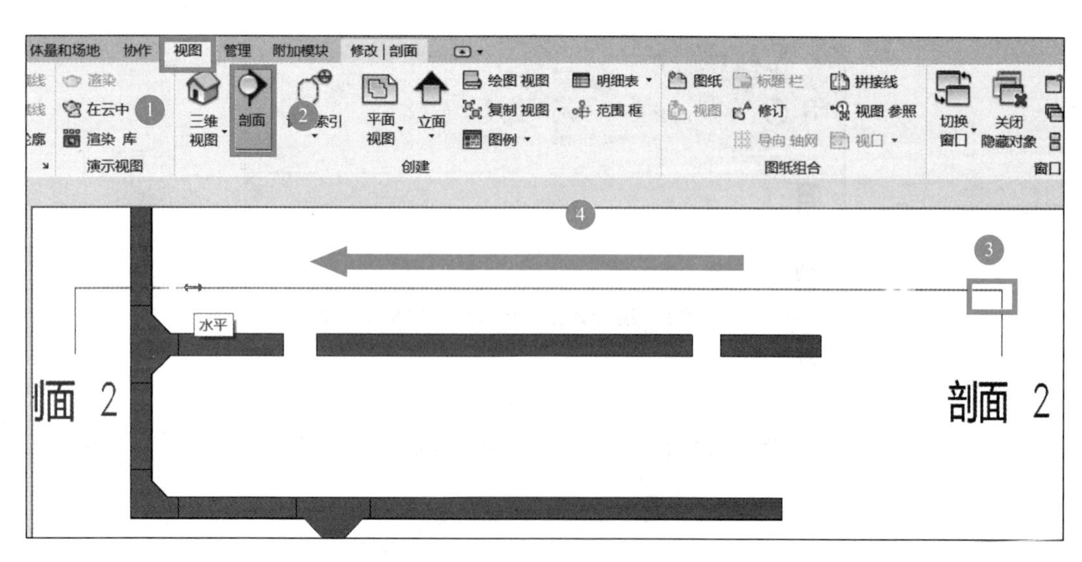

图 1.4-33　绘制剖面图

第 11 步：绘制竖向电缆桥架。点击已绘制的电缆桥架，选择“修改｜放置电缆桥架”中的“创建类似”，单击桥架的端点，竖直向下绘制，点击结束绘制，Revit 会自动生成水平桥架和竖直桥架的弯通，按“Esc”键退出绘制命令，见图 1.4-34。

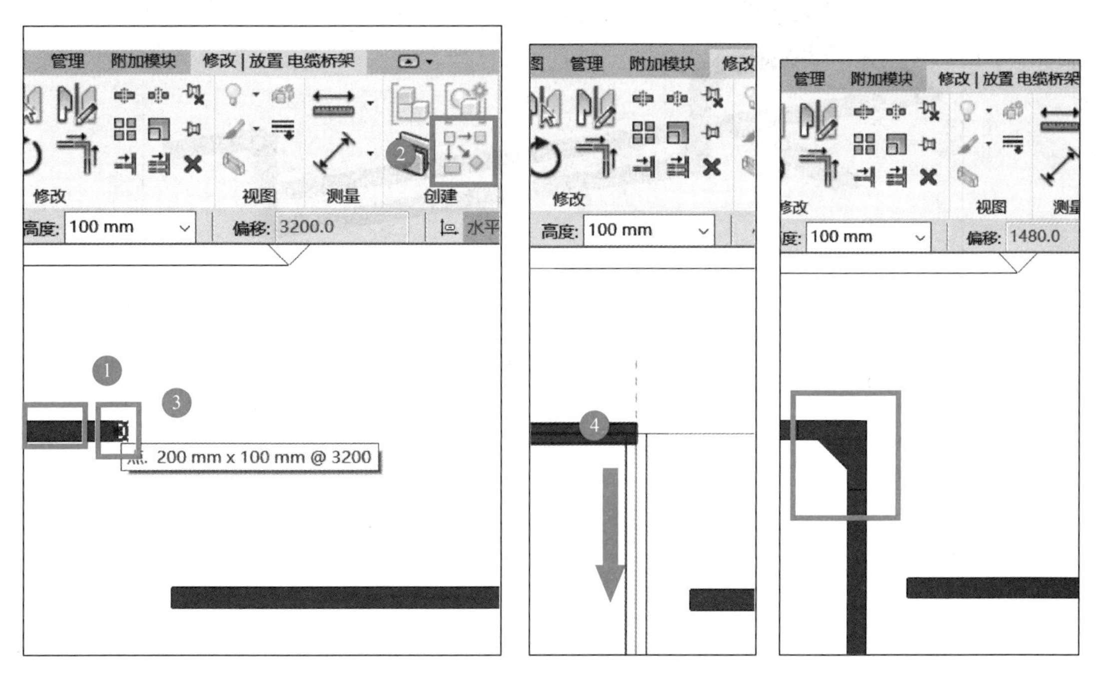

图 1.4-34　绘制竖向电缆桥架

第 12 步：连接水平桥架和竖直桥架。点击“修改”选项卡中的“修剪/延伸为角”，先点击竖直桥架的上部，再点击水平桥架，Revit 会自动生成水平桥架和竖直桥架的弯通，按“Esc”键退出绘制命令，见图 1.4-35。

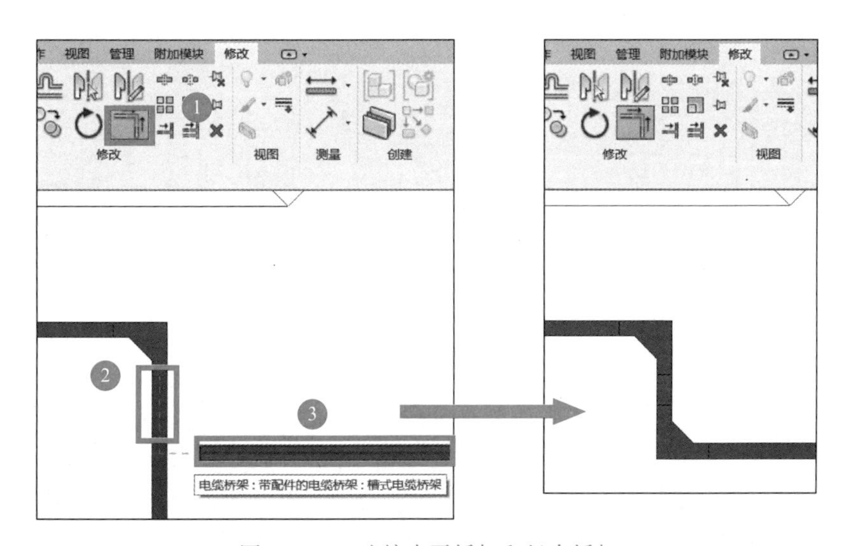

图 1.4-35　连接水平桥架和竖直桥架

电缆桥架右侧部分绘制方法同第 10、11 步，绘制完成以后，切换到 3D 视图，绘制好后的电缆桥架见图 1.4-36。

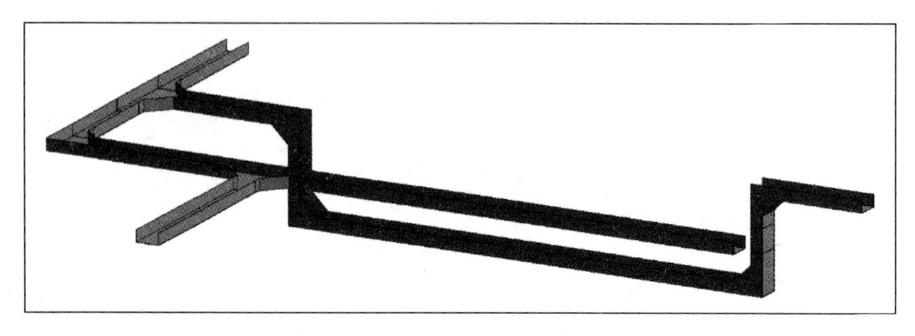

图 1.4-36　绘制好后的电缆桥架

单元 2　建筑设备快速建模与智能优化

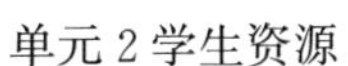

单元 2 学生资源

单元 2 教师资源

建筑设备快速建模与智能优化能力总目标　　表 2.0-1

专项能力	能力要素	
HiBIM 建筑设备建模与优化	建筑设备快速建模	图纸处理
		快速创建标高
		快速创建轴网
		快速统一设置机电系统
		快速转化喷淋系统
		快速调整喷淋翻低/高、设置风管下喷
		快速转化电缆并排布
	建筑设备智能优化	碰撞检查及问题标记管理方法
		管线快速调整(优化)的原则与方法
		开洞套管深化
		支吊架深化
		机电预制深化

总体概念导入

HiBIM 功能概述

HiBIM 软件是目前国内基于 Revit 二次研发的 BIM 应用软件，主要功能有建模翻模、深化设计、标准出图、定额出量、云族库等，在提高 BIM 模型建模效率、深化功能、模型清单定额出量、族平台共享等方面得到用户好评。其界面见图 2.0-1。

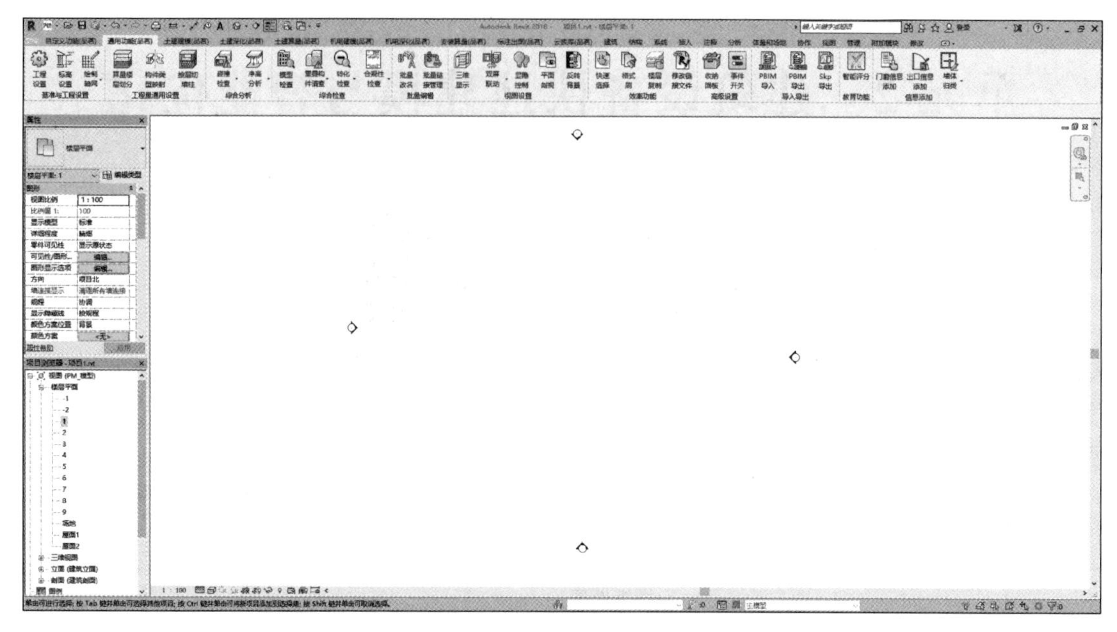

图 2.0-1 HiBIM 软件界面

任务 1 建筑设备快速建模

 能力目标（表2.1-1）

建筑设备快速建模能力目标 表 2.1-1

建筑设备快速建模能力	1. 图纸处理能力
	2. 快速创建标高能力
	3. 快速创建轴网能力
	4. 快速统一设置机电系统能力
	5. 快速转化喷淋系统能力
	6. 快速调整喷淋翻低/高、设置风管下喷能力
	7. 快速转化电缆并排布能力

 概念导入

1. 图纸分割

Revit 以项目的方式建立 BIM 模型，单个项目可包含各个专业的模型，也可分专业建立多个项目模型，后期根据应用需求进行模型间的协同整合。

CAD 图纸中，单专业包含各楼层平面图、设计说明、详图等，各楼层平面图在对应楼层的位置应设置一致。因此需要对施工图纸进行分割处理，保证图纸导入建模软件后位置准确合理。

2. 布管系统配置

当 Revit 项目中的机电管线系统较多，不同的系统其作用、功能原理也有差异，则管道的材质、连接方式也各异，如果绘制的时候逐一去修改管道的材质、连接方式，工作量会非常大。因此在绘制管道之前提前设置好管道布管系统配置，则软件内绘制管道可自动生成准确的管件，不需要单独绘制管件。

3. 喷淋翻低/高，以及风管下喷

喷淋系统需要根据实际楼板高度调整喷淋头的标高，一般喷头高度与楼板标高的距离在设计说明内有明确说明，按照楼板高度可进行一键调整。

根据喷头布置规范，在风管宽度达到 1.2m 及以上，需要单独在风管下面布置一个向下的喷头。

子任务清单（表2.1-2）

子任务清单 表 2.1-2

序号	子任务项目	备注
1	图纸处理	进行基本识图，图纸的分割
2	创建标高	创建标高及楼层平面
3	创建轴网	创建轴网系统
4	设置机电系统	包含系统类型、布管系统配置、材质(颜色)
5	创建喷淋系统	包含立管及末端试水装置
6	调整喷淋系统	包含喷淋系统随板翻低/高，增设风管下喷
7	创建电缆	包含电缆系统、参数的设置，并对电缆进行排布

任务分析

本任务内容主要为设备的快速建模，包括快速处理图纸，快速进行标高、轴网的创建，快速进行机电系统的统一设置，快速创建喷淋系统和调整喷淋系统的翻低/高、设置风管下喷，快速对电缆进行绘制并排布是目前使用软件工具提升设备建模工作效率的必备技能。

1.1 图纸处理

1. 功能

为了能够更快更准确地建模，需要对各专业图纸进行处理。

一键分割图纸

2. 操作步骤

下载安装好 HiBIM 软件后：

第 1 步：启动图纸分割功能。点击 HiBIM 软件"快捷图标"→右键点击"打开文件所在位置"，选择文件夹内"品茗 CAD 工具"→双击"PMCAD 版本选择"进行 CAD 版本的选择，见图 2.1-1。双击"PMCAD"→自动启动 CAD 软件后，CAD 软件功能栏带有"PMCAD 工具"→"分割图纸"功能，见图 2.1-2。

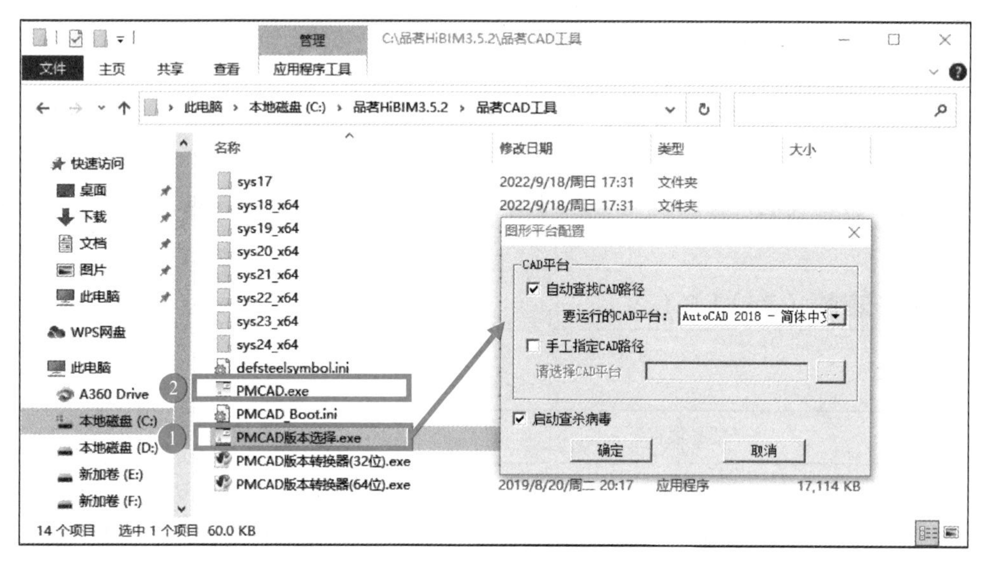

图 2.1-1 启动分割工具

图 2.1-2 分割工具功能栏

第 2 步：图纸分割。点击"PMCAD 工具"→"分割图纸"功能→设置分割后图纸的保存位置→点击"添加"至图纸内框选所需图纸内容范围→选择图形"插入点"→选择/输入"图形名称"，见图 2.1-3。

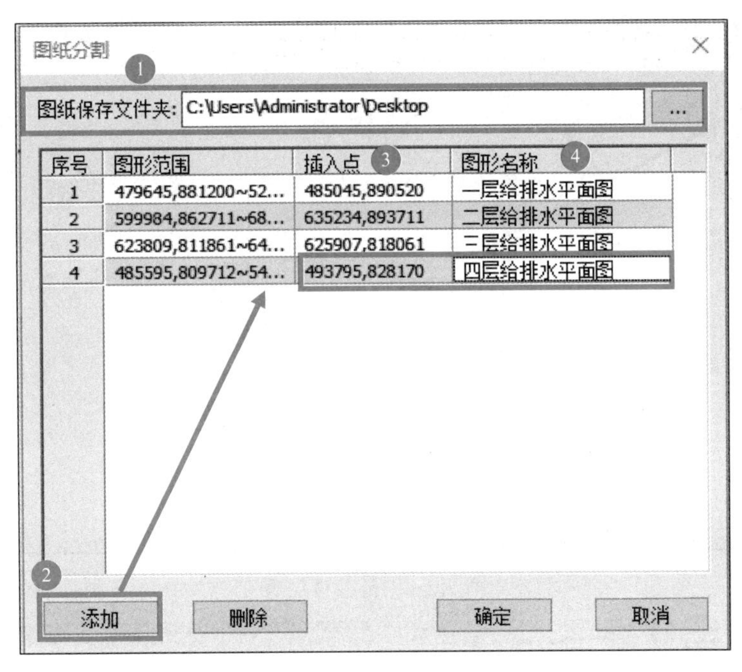

图 2.1-3 分割图纸

【小技巧】分割图纸的图形插入点一般与 Revit 软件中的项目基点位置重叠，一般以项目总图左下角的轴网（①轴和Ⓐ轴）交点作为图形插入点。

【项目基点】项目基点定义了项目坐标系的原点（0，0，0），以便保证团队所有成员在同一原点工作，保证后期模型链接时不会出现偏差。项目基点是项目在用户坐标系中测量定位的相对参考坐标原点，需要根据项目特点确定此点的合理位置（项目的位置是会随着基点的位置变换而变化的），一般以①轴和Ⓐ轴的交点为项目基点的位置。

1.2 快速创建标高

1. 功能

在建模软件中，标高是建筑构件在视图中定位的主要依据。几乎所有的建筑构件都需要基于标高创建。当标高修改时，相应的构件也会随着标高的改变而发生高度上的偏移。

快速创建标高

2. 操作步骤

Revit 中标高的创建只能在立面视图或剖面视图中，因此在创建标高之前，往往需要进入立面视图中，如南立面视图。而 HiBIM 软件可直接在平面内进行楼层表的转化，即标高的创建。

第 1 步：链接楼层表。点击“土建建模（品茗）”选项卡下“链接 CAD”→链接楼层表，见图 2.1-4。

第 2 步：提取楼层表。点击“土建建模（品茗）”选项卡下“楼层表转化”→框选平面内楼层表→弹出“楼层设置”窗口→“楼层设置”内可选择行进行删除或直接编辑数据等，见图 2.1-5，直至选项框内无红色标注显示。

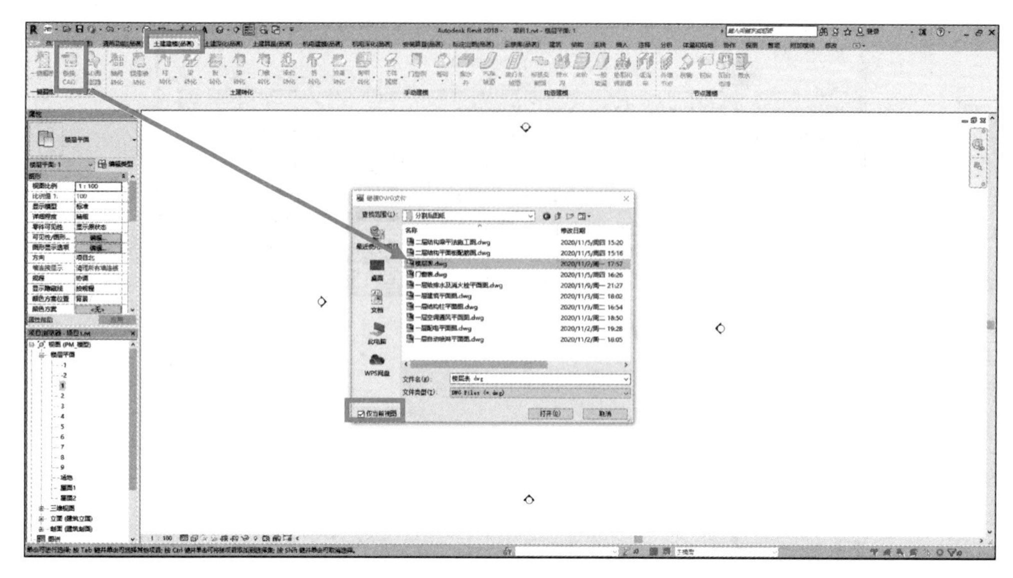

图 2.1-4　链接楼层表

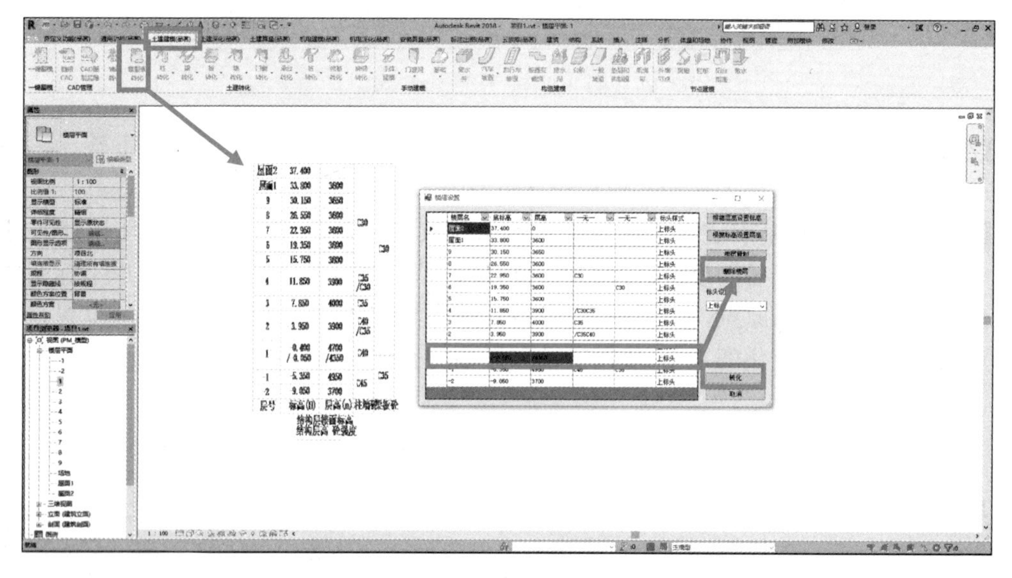

图 2.1-5　提取楼层表

第 3 步：转化楼层表。点击“转化”，出现如图 2.1-6 所示提示，点击“确定”即可完成楼层表的转化。

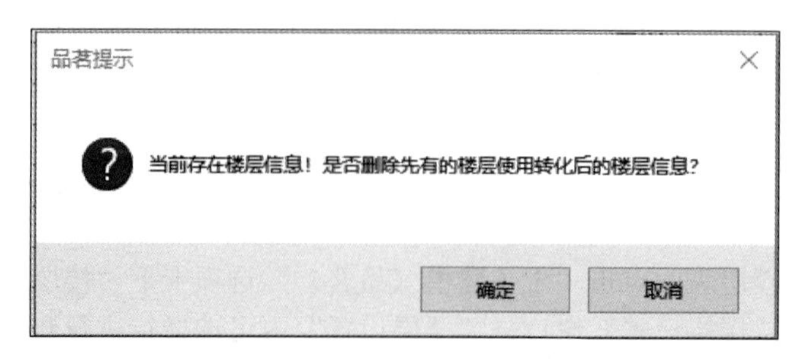

图 2.1-6　转化楼层表

1.3 快速创建轴网

1. 功能

快速创建轴网

在建模软件中，轴网用于在平面视图中定位项目图元。几乎所有的建筑构件都需要基于轴网创建。当轴网修改时，相应的构件也会随着轴网的改变而发生水平位置上的偏移。

2. 操作步骤

标高创建完成后，可以切换到任意平面视图来创建和编辑轴网。一般在一层平面创建轴网。

第 1 步：链接图纸。点击“机电建模（品茗）”选项卡下“链接 CAD”→根据图纸保存路径选择“一层给排水及消火栓平面图”，勾选“仅当前视图”，点击“打开”→图纸链接进入项目后，核对项目基点与轴网交点的位置关系，见图 2.1-7。

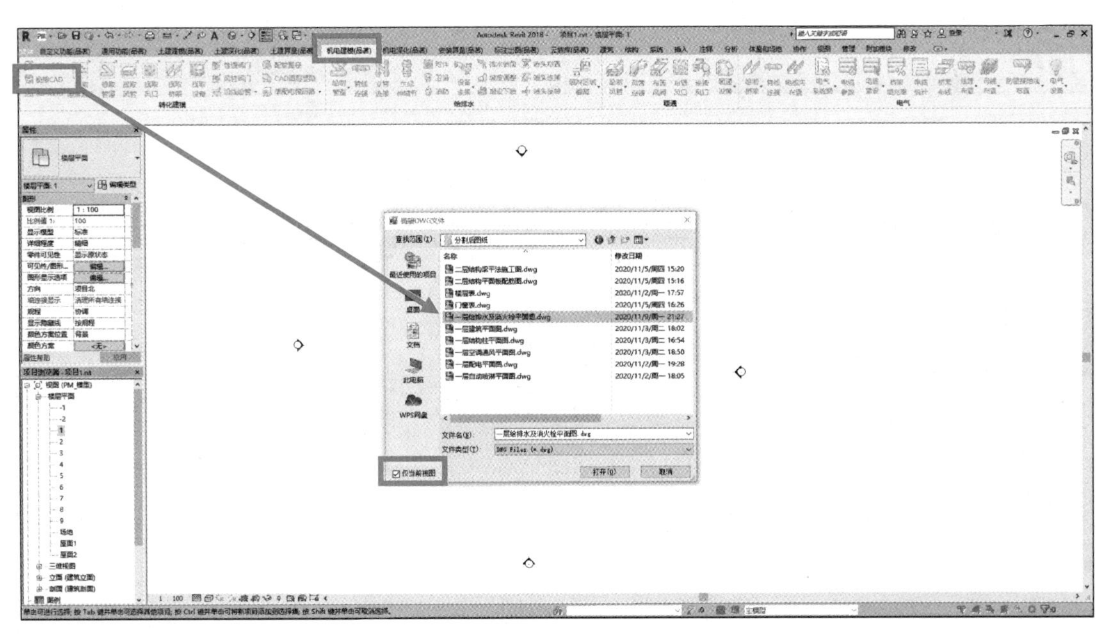

图 2.1-7　链接平面图

【注意事项】①关于转化轴网需链接的图纸：一般带有完整的轴网即可，建议链接需要进行建模的图纸，可减少重复链接的步骤。②核对项目基点与导入的图纸是否在正确的位置，轴网创建好以后不再需要每次核对导入图纸的关系。

第 2 步：提取轴网。点击“机电建模（品茗）”选项卡下“轴网转化”→弹出“轴网转化”窗口→分别提取“轴符层”和“轴线层”，见图 2.1-8。

【注意事项】提取图层具体步骤：点击“轴符层”左下角的“提取”命令，回到平面视图中，用鼠标左键点击轴网符号图标/图层，确认所有图标/图层都被提取完全后，点击鼠标右键确定，重新返回“轴网转化”窗口，继续下一命令的提取。

第 3 步：转化轴网。点击“转化”，完成轴网及尺寸标注的转化，见图 2.1-9。

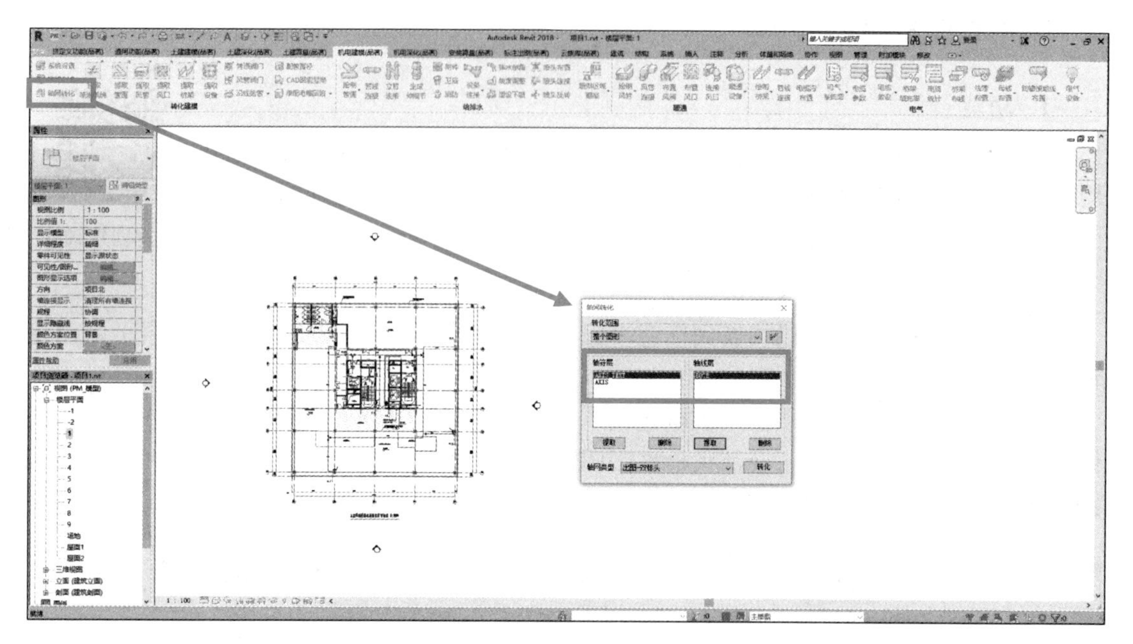

图 2.1-8　提取轴网

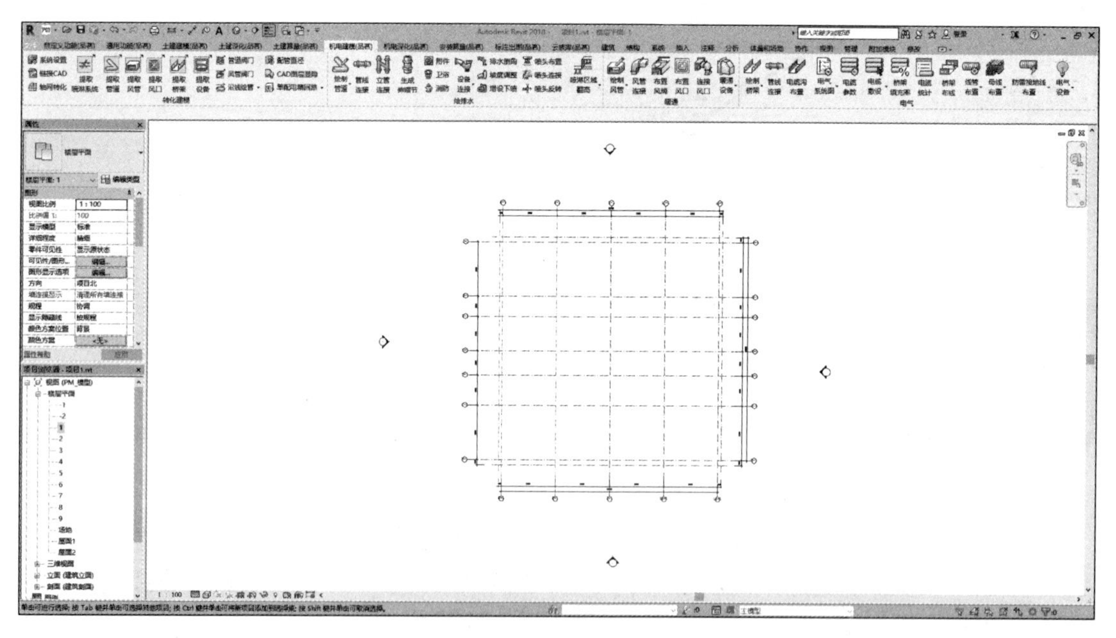

图 2.1-9　转化轴网

快速统一
设置机电系统

1.4　快速统一设置机电系统

1. 功能

在机电建模中，管道绘制之前需要选择正确的管道材质及连接方式，即在 Revit 软件中需要进行布管系统配置，绘制完成的管道才是准确的。

2. 操作步骤

第 1 步：打开系统设置。点击“机电建模（品茗）”选项卡下“系统设置”，见图 2.1-10。

图 2.1-10　系统设置功能栏

第 2 步：设置系统基本信息。弹出“系统设置”窗口→对应专业分类有“风管”“管道”和“桥架”，可以在对应分类中逐个设置“系统缩写”“管道颜色”和“管道类型设置”，见图 2.1-11。

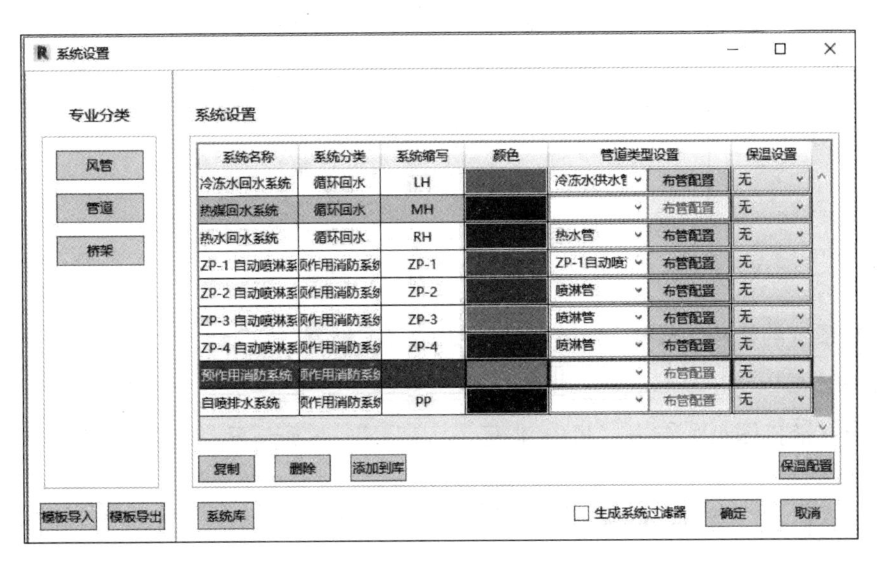

图 2.1-11　设置系统信息

注意

“管道颜色”栏修改的颜色对应的即 Revit“视觉样式”中着色模式下的显示颜色，实际材质的更改还是需要去材质浏览器内。

第 3 步：布管系统配置。点击“管道类型设置”中的“管道设置”→弹出“管道设置”窗口→依据设计说明等设置该系统的“管道材质”及“连接方式”，见图 2.1-12。

1.5　快速转化喷淋系统

1. 功能

在机电建模中，管道（风管/水管/桥架）的绘制有各自专业的注意

快速转化喷淋系统

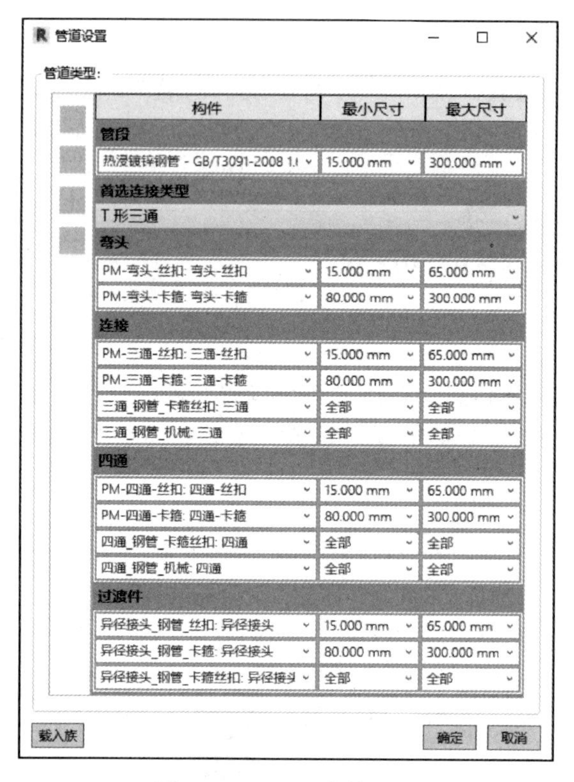

图 2.1-12　配置布管系统

事项，喷淋系统的绘制比较规律，但重复烦琐。

2. 操作步骤

第 1 步：链接图纸。点击“机电建模（品茗）”选项卡下“链接 CAD”→链接“一层喷淋平面图”。

第 2 步：启动。点击“提取喷淋系统”→弹出“提取喷淋系统”窗口，见图 2.1-13。

图 2.1-13　系统提取功能栏

第 3 步：提取喷淋系统图层。根据项目及图纸要求设置各项“参数信息”，准确且完整地提取“喷淋头”、管道“标注层”和“管线”图层，见图 2.1-14。

注意

提取图层具体步骤：点击“喷淋头”左下角的“提取”命令，回到平面视图中，用鼠标左键点击喷淋头图标/图层，确认所有图标/图层都被提取完全后，点击鼠标右键确定，重新返回“提取喷淋系统”窗口，继续下一命令的提取。

第 4 步：确定系统参数，转化喷淋系统。可查看或核对安全等级设置（图 2.1-15）→点击“确定”完成转化，见图 2.1-16。

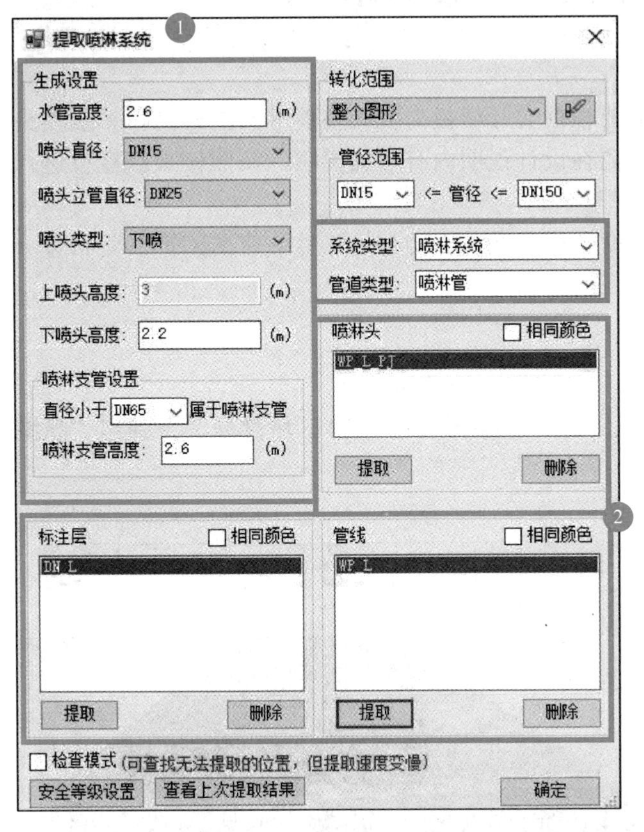

图 2.1-14　提取喷淋系统

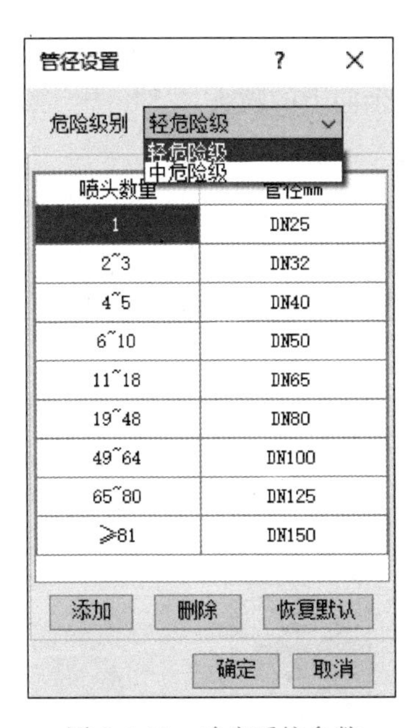

图 2.1-15　确定系统参数

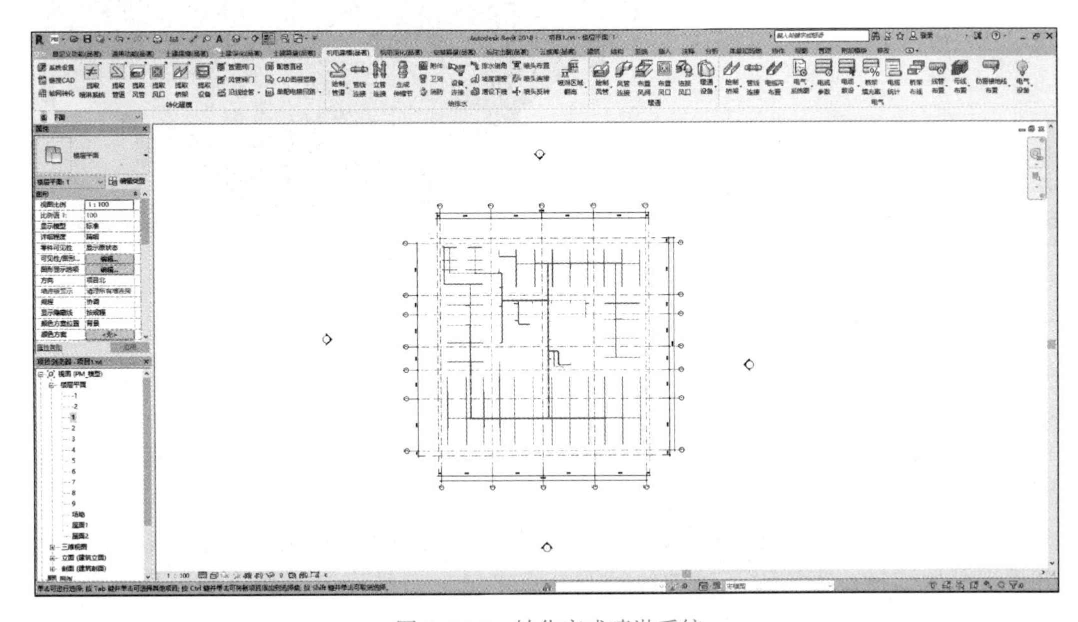

图 2.1-16　转化完成喷淋系统

第 5 步：手动补充入户/立管以及末端试水区域的模型。

快速调整喷淋翻低/高、设置风管下喷

1.6 快速调整喷淋翻低/高、设置风管下喷

1. 功能

（1）喷淋系统需要根据实际楼板高度调整喷淋头的标高，一般喷头高度与楼板标高的距离在设计说明内有明确说明，按照楼板高度可进行一键调整。

（2）根据喷头布置规范，在风管宽度超过 1.2m 及以上，需要单独在风管下面布置一个向下的喷头。

2. 操作步骤

（1）喷淋系统随板翻低/高

第 1 步：启动。点击“机电建模（品茗）”选项卡下“喷淋区域翻高”→弹出“喷淋区域翻高”窗口，见图 2.1-17。

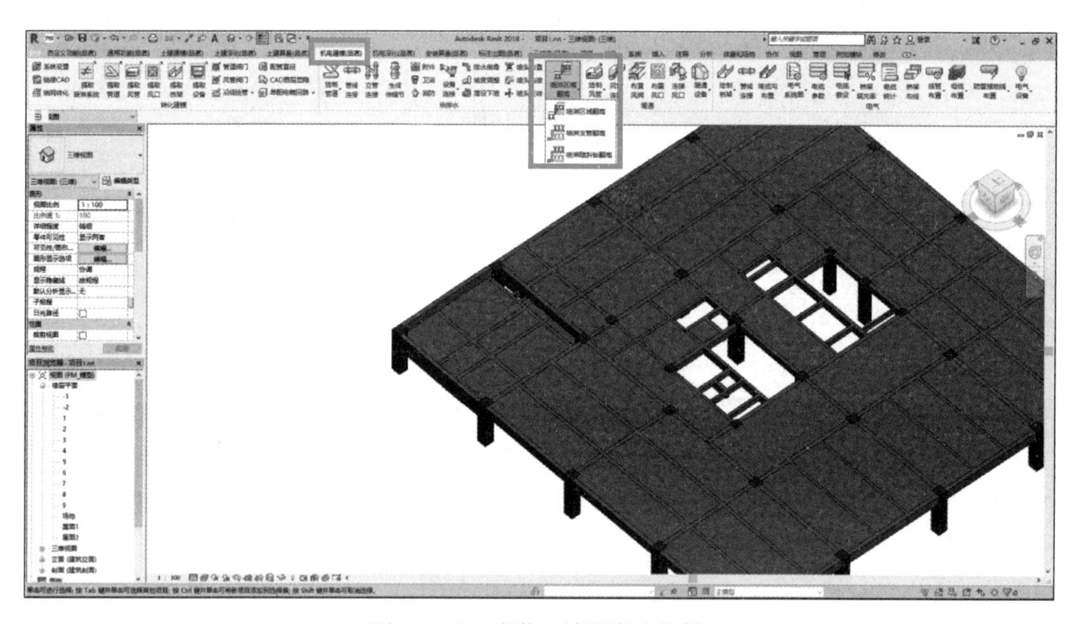

图 2.1-17　喷淋区域翻高功能栏

第 2 步：喷淋降低。根据需求设置“翻高形式”“翻高距离”→选择“喷淋区域”，可旋转视图，按要求选择，见图 2.1-18→点击“鼠标右键”完成翻高，见图 2.1-19。

（2）喷淋系统风管下增设下喷

第 1 步：启动。点击“机电建模（品茗）”选项卡下“增设下喷”，见图 2.1-20→弹出“增设下喷”窗口。

第 2 步：增设下喷。根据需求设置“添加形式”“样式”，见图 2.1-21→点击“选择”至建模视图后选择“需增设下喷的风管”→点击鼠标右键完成风管下喷，见图 2.1-22、图 2.1-23。

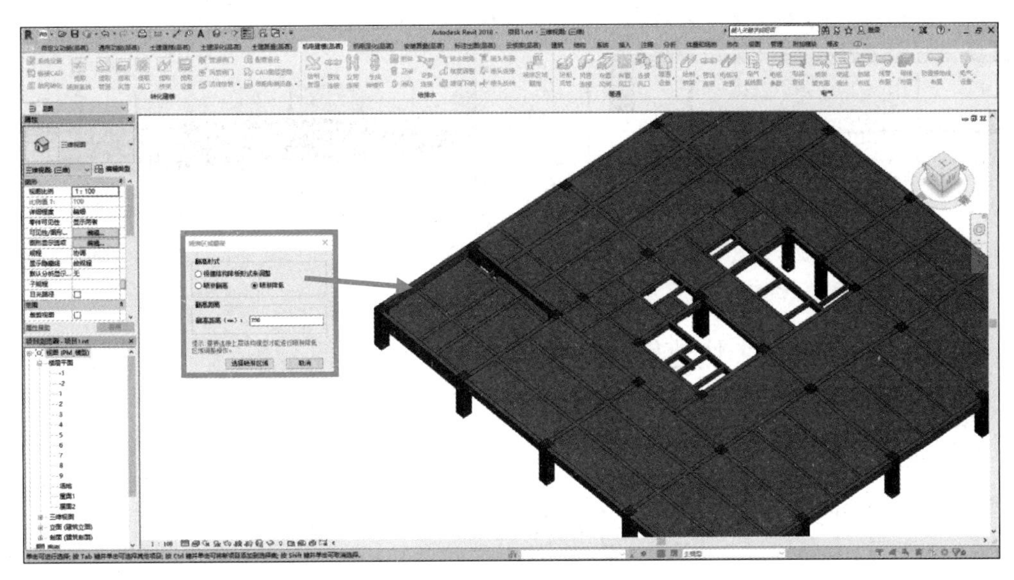

图 2.1-18　设置喷淋区域降低（翻高）

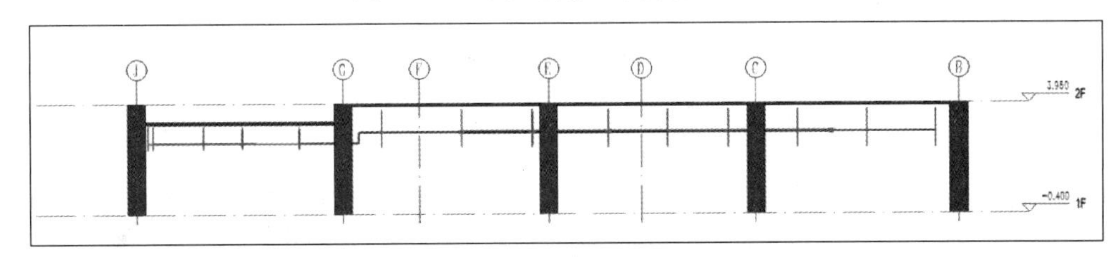

图 2.1-19　降低（翻高）效果

图 2.1-20　增设下喷功能栏

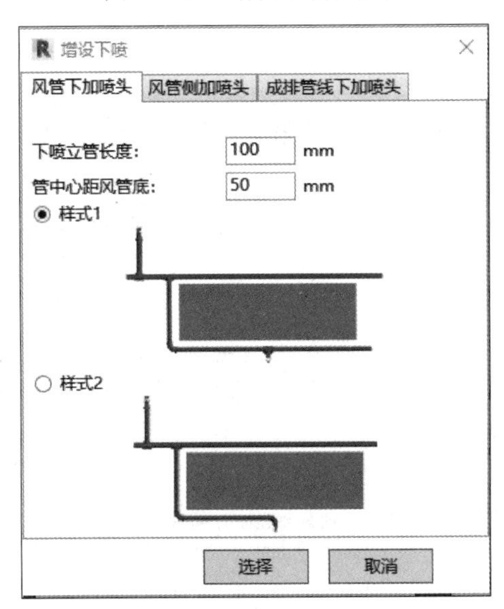

图 2.1-21　设置下喷样式

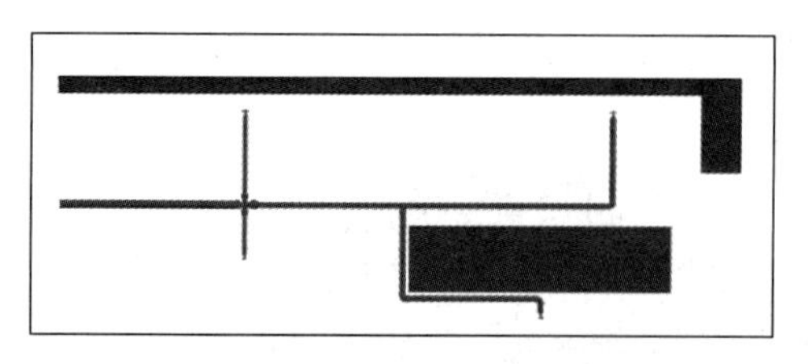

图 2.1-22　下喷示意-立面

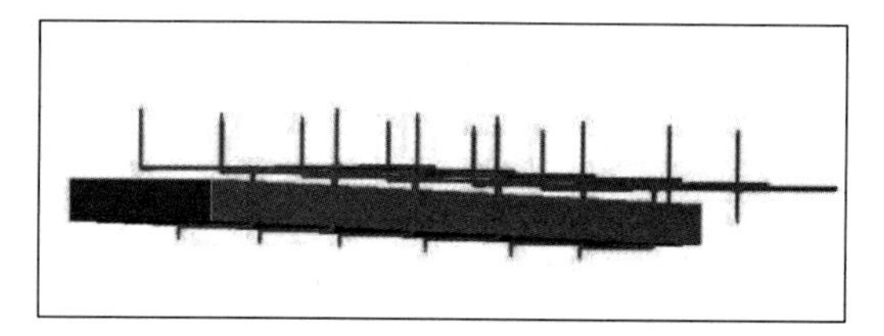

图 2.1-23　下喷示意-三维

1.7　快速转化电缆并排布

快速转化电缆并排布

1. 功能

在机电建模中，电缆绘制相对规律但复杂重复，因此快速创建电缆参数后对其进行绘制并排布能大大提高建模工作效率。

2. 操作步骤

（1）电气系统图提取

第 1 步：启动。点击“机电建模（品茗）”选项卡下“电气系统图”，见图 2.1-24→弹出“电气系统图”窗口。

图 2.1-24　电气系统图提取

第 2 步：信息录入。点击“CAD 提取”→框选对应图纸系统图→自动识别系统信息并录入表格中→点击“确定”，保存当前配电箱和回路信息，见图 2.1-25。

电气系统图

说明：导线型号为"BV-n*2.5"，且包含地线时，建议输成"BV-(n-1)*2.5+BV-2.5"的形式，否则会导致计算错误。

序号	配电箱	回路	导线规格	根数	配管规格	敷设方式	管线类别	接线端子/电缆	预留长度	安装高度(M)	备注
1	总箱	动力配...									
1.0	5AL1	5AW1-1	WDZ-YJY-1KV-3*6	1	SC32	明配	电缆*配管	按实际情况	按计算设置	同层高	A,...
1.1	5AL2	5AW1-2	WDZ-YJY-1KV-3*6	1	SC32	明配	电缆*配管	按实际情况	按计算设置	同层高	B,...
1.2	5AL3	5AW1-3	WDZ-YJY-1KV-3*6	1	SC32	明配	电缆*配管	按实际情况	按计算设置	同层高	C,...
1.3	5AL4	5AW1-4	WDZ-YJY-1KV-3*6	1	SC32	明配	电缆*配管	按实际情况	按计算设置	同层高	A,...
1.4	5AL5	5AW1-5	WDZ-YJY-1KV-3*6	1	SC32	明配	电缆*配管	按实际情况	按计算设置	同层高	B,...
1.5	5AL6	5AW1-6	WDZ-YJY-1KV-3*6	1	SC32	明配	电缆*配管	按实际情况	按计算设置	同层高	C,...
1.6	5AL7	5AW1-7	WDZ-YJY-1KV-3*6	1	SC32	明配	电缆*配管	按实际情况	按计算设置	同层高	A,...
1.7	5AL8	5AW1-8	WDZ-YJY-1KV-3*6	1	SC32	明配	电缆*配管	按实际情况	按计算设置	同层高	B,...
1.8	5AL9	5AW1-9	WDZ-YJY-1KV-3*6	1	SC32	明配	电缆*配管	按实际情况	按计算设置	同层高	C,...
1.9	5AL10	5AW1-10	WDZ-YJY-1KV-3*6	1	SC32	明配	电缆*配管	按实际情况	按计算设置	同层高	A,...
1.10	5AL11	5AW1-11	WDZ-YJY-1KV-3*6	1	SC32	明配	电缆*配管	按实际情况	按计算设置	同层高	B,...
1.11	5AL12	5AW1-12	WDZ-YJY-1KV-3*6	1	SC32	明配	电缆*配管	按实际情况	按计算设置	同层高	C,...
1.12	5AL13	5AW1-13	WDZ-YJY-1KV-3*6	1	SC32	明配	电缆*配管	按实际情况	按计算设置	同层高	A,...

CAD提取　添加配电箱　添加回路　删除　全部清除　平面图中标示根数是否包含地线　包含地线　确认

图 2.1-25　信息录入

注意

提取图层具体步骤：点击“CAD提取”命令，回到平面视图中，用鼠标左键框选需提取的系统图，点击鼠标右键确定，重新返回“电气系统图”窗口。CAD提取后如有信息不全，可手动进行配电箱的添加以及参数的设置。

（2）电气参数设置、敷设及排布

第1步：电缆参数设置。点击“机电建模（品茗）”选项卡下“电缆参数”，见图2.1-26→弹出“电缆参数”窗口，查看和修改电缆外径及弯曲半径，点击“确定”，见图2.1-27。

图2.1-26　电缆参数

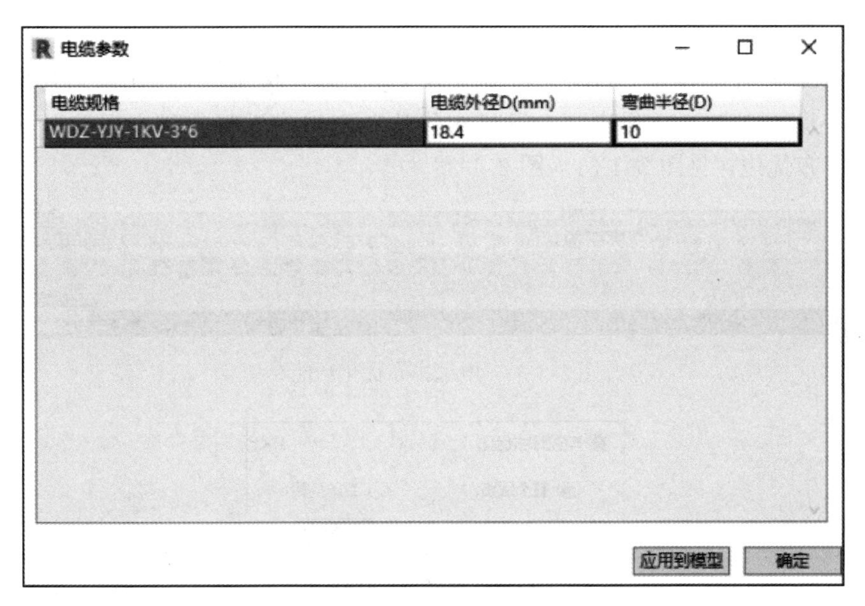

图2.1-27　电缆参数确定

第2步：电缆敷设。点击“机电建模（品茗）”选项卡下“电缆敷设”→选择引出、引入设备→弹出“电缆敷设”窗口，见图2.1-28→敷设路径选择，点击“确定”生成电缆模型，见图2.1-29。

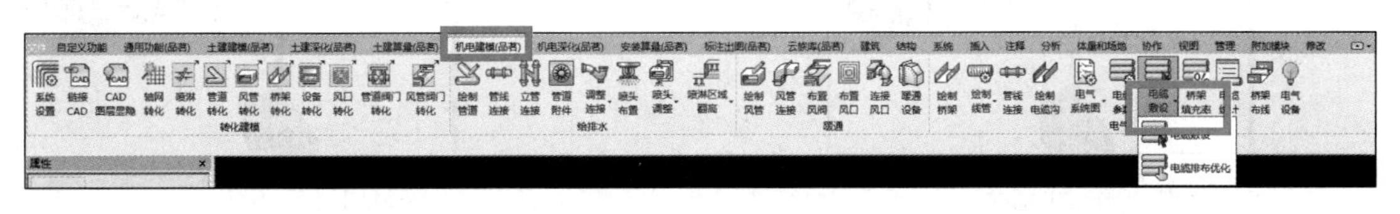

图2.1-28　电缆敷设功能栏

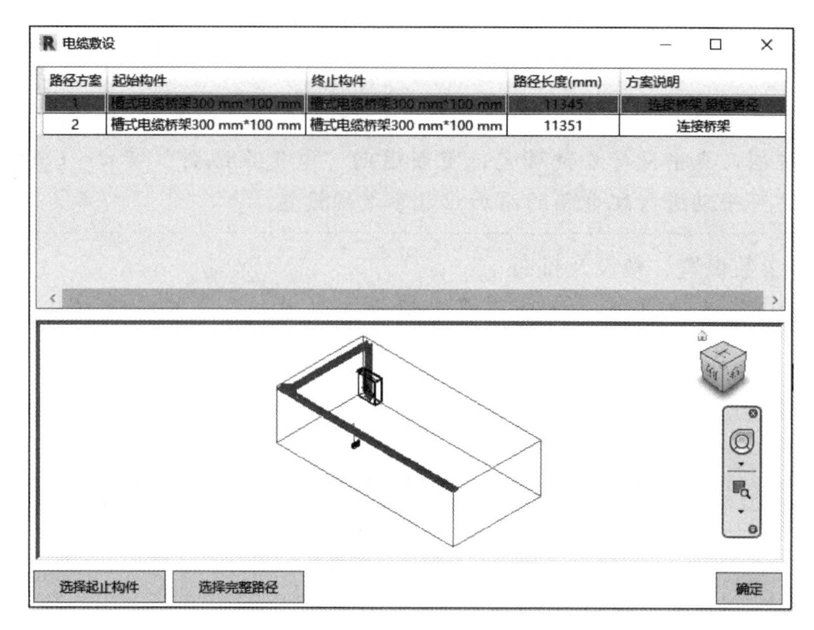

图 2.1-29 电缆敷设

第 3 步：电缆排布优化。点击“机电建模（品茗）”选项卡下“电缆敷设”→“电缆排布优化”，见图 2.1-30→弹出“电缆排布优化”窗口→选择“整个回路”或“当前视图”，完成排布优化，见图 2.1-31～图 2.1-33。

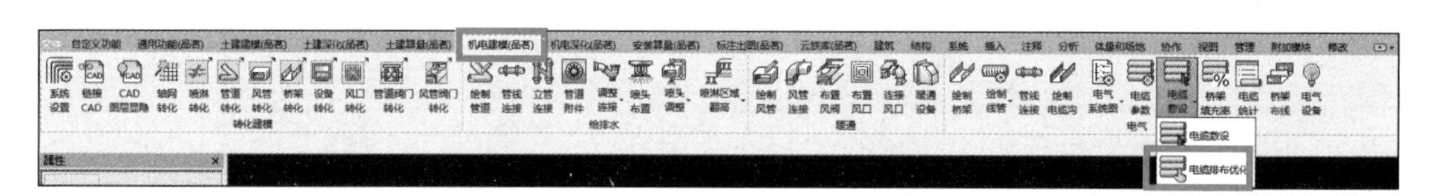

图 2.1-30 电缆排布优化功能栏

图 2.1-31 电缆排布优化选择

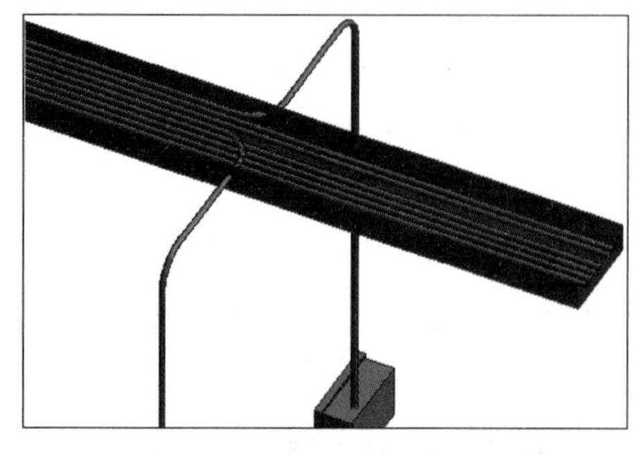

图 2.1-32 优化前

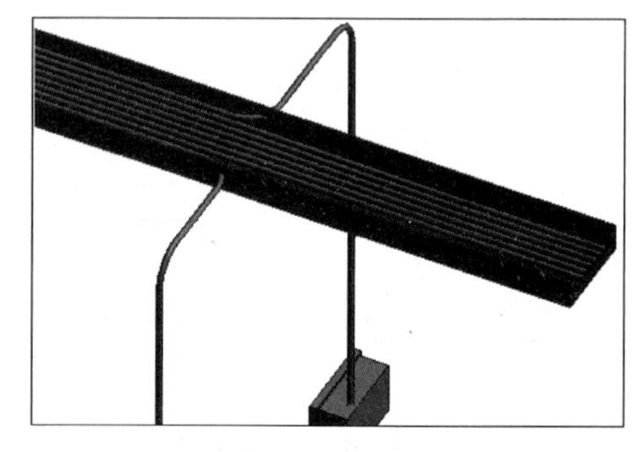

图 2.1-33 优化后

任务2　建筑设备智能优化

能力目标（表2.2-1）

建筑设备智能优化能力目标　　表 2.2-1

建筑设备智能优化能力	1. 碰撞检查及问题标记管理方法
	2. 管线快速调整(优化)的原则与方法
	3. 开洞套管深化
	4. 支吊架深化
	5. 机电预制深化

概念导入

1. 碰撞检查

通过BIM软件将各专业模型整合，应用BIM可视化的特点检查各专业模型是否存在碰撞情况。在施工前提前发现并解决相应设计问题，尽可能减少碰撞，避免空间冲突，避免设计错误传递到施工阶段。

碰撞主要分为硬碰撞和软碰撞。

硬碰撞：构件之间空间上存在交集，存在交叉、相交或者包含。

软碰撞：构件之间并没有发生交叉碰撞，但间距和空间无法满足相关使用或者施工要求。

2. 开洞套管深化

预留孔洞是指建筑施工时，建筑主体为供水、暖气等设施管道的埋设预留的孔洞。利用BIM软件将机电与土建模型相结合，根据施工要求提前确定需要预留孔洞的位置、大小等。

3. 支吊架深化

支吊架，是支架和吊架的合称，在各施工环节承担各配件及其介质重量，约束和限制建筑部件不合理位移并控制部件振动，对建筑设施的安全运行具有极其重要的作用。支吊架主要用于建筑给水、排水、消防、供暖、通风、空调、燃气、热力、电力、通信等机电工程设施。

运用BIM的可视化、模拟化特点，打破现有支吊架安装的传统模式，全面预先进行支吊架的布置，并进行受力验算、空间位置预留等应用，确保实际施工的可靠性，缩短施工工期，达到绿色建筑施工的标准。

4. 机电预制深化

管道系统预制是指提前根据客户要求，在工厂制作出一系列的管道系统成品，预制化管道成品运输至工地现场即可直接安装。机电安装工程中将预制装配式施工技术和BIM技术相融合，提高施工效率、提高经济收益，减少耗能、减少污染。

子任务清单（表2.2-2）

子任务清单 表 2.2-2

序号	子任务项目	备注
1	碰撞检查	能够快速找到碰撞视点，判断碰撞类型，导出碰撞报告
2	管线调整(优化)	能够对管线碰撞或不合理位置进行调整(优化)，使其满足优化原则
3	开洞套管深化	包含构件的开洞、套管的设置，以及开洞套管报表的导出
4	支吊架深化	包含支吊架布置、验算、编号出图
5	机电预制深化	包含机电管线的分段、预制、出图及材料统计

任务分析

本任务内容主要为设备的智能优化，包括碰撞检查，快速进行管线调整（优化），支吊架布置、验算及出量出图，构件的开洞、套管的设置及其报表的导出，机电管线的分段、编号、出图及材料统计，是目前使用软件工具提升设备深化设计工作效率的必备技能。

碰撞检查及问题标记管理方法

2.1 碰撞检查及问题标记管理方法

1. 功能

主要用于检测构件之间的碰撞，如：检测风管、桥架、水管、回路与柱、梁等的碰撞；可以提前检测出碰撞，提前发现问题并解决。

2. 操作步骤

设备模型创建完成，且确保建筑模型和结构模型在当前项目中后：

第 1 步：启动。点击“通用功能（品茗）”选项卡下“碰撞检查”→“运行碰撞检查”，见图 2.2-1。

图 2.2-1 碰撞检查功能栏

第 2 步：运行碰撞检查。弹出“碰撞检查”窗口→根据实际需求进行碰撞检查的设置，如碰撞方式、碰撞范围、碰撞对象等→点击“确定”运行碰撞检查，见图 2.2-2。

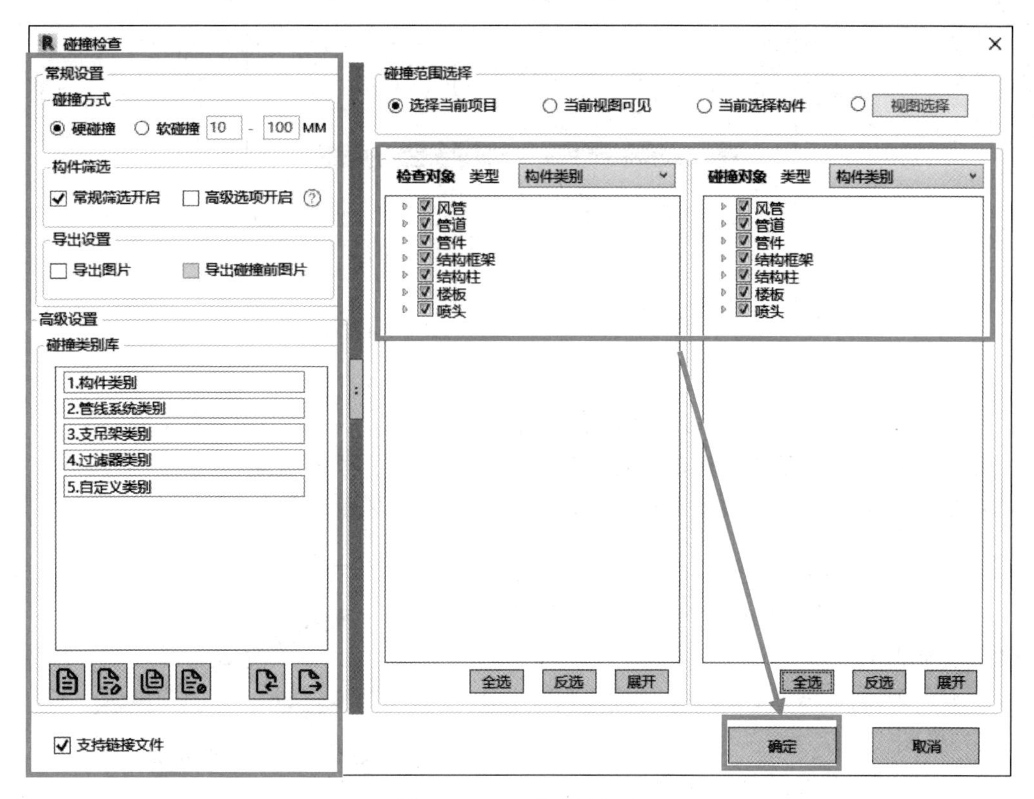

图 2.2-2 运行碰撞检查

注意

① 碰撞方式分为硬碰撞和软碰撞。

硬碰撞：构件之间空间上存在交集，存在交叉、相交或者包含，如管道与梁碰撞。见图 2.2-3。

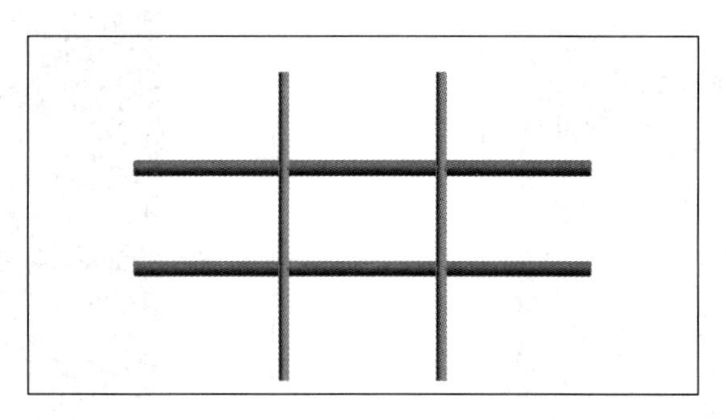

图 2.2-3 硬碰撞示意

软碰撞：构件之间并没有发生交叉碰撞，但间距和空间无法满足相关使用或者施工要求，如立管布置在门后（开启范围内），则立管与门无碰撞，但是影响门的开启与关闭。见图 2.2-4。

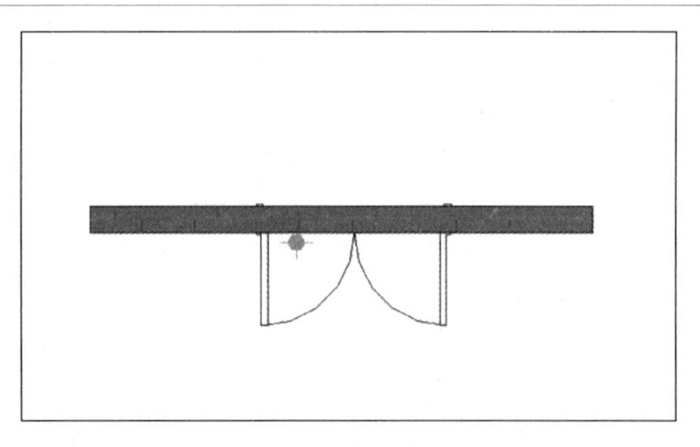

图 2.2-4　软碰撞示意

② 检查对象及碰撞对象可以根据实际需求进行设置，一般可分为两大步：

第一步：解决设备与土建的碰撞问题，如管道与柱、梁的碰撞；

第二步：解决设备与设备间的碰撞问题，如水管与风管、桥架的碰撞。

第 3 步： 判断碰撞。查看“碰撞检测报告”中的“碰撞点”→判断碰撞是否合理(是否需要修改)。

① 不合理碰撞-需避让修改，如管道之间有交叉，见图 2.2-5。

② 合理碰撞-无需修改，如消火栓箱靠墙放置，与墙接触，见图 2.2-6。

③ 不合理碰撞-需深化，如管道穿墙，需要进行墙开洞，见图 2.2-7。

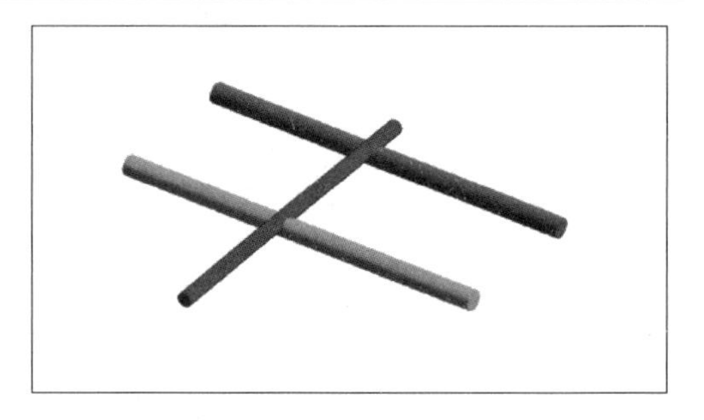

图 2.2-5　不合理碰撞-需修改

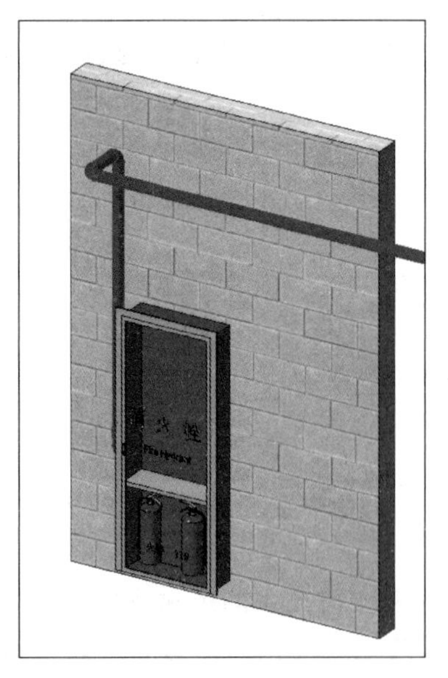

图 2.2-6　合理碰撞-无需修改

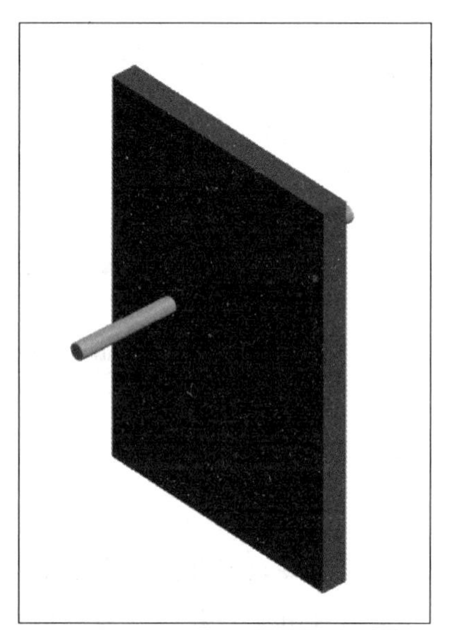

图 2.2-7　不合理碰撞-需开洞

第 4 步：碰撞报告导出。设置报告类型及文档格式→点击“报告导出”，见图 2.2-8，即可保存并打开查看报告。

图 2.2-8 碰撞检查报告

2.2 管线快速调整（优化）的原则与方法

管线快速调整（优化）的原则与方法

1. 功能

主要用于快速解决管线之间存在的碰撞问题。

2. 操作步骤

明确了管线之间需要修改的碰撞问题及碰撞视点之后：

第 1 步：启动。点击“机电深化（品茗）”选项卡下“管线避让”，见图 2.2-9。

图 2.2-9 管线避让功能栏

第 2 步：单向管线避让。弹出“管线避让”窗口→根据实际需求设置绕弯方向、角度、避让距离及方向→设置“管线避让”窗口内为“单向”→单击模型中需要翻弯的管道→单击该管线上翻位置，见图 2.2-10。

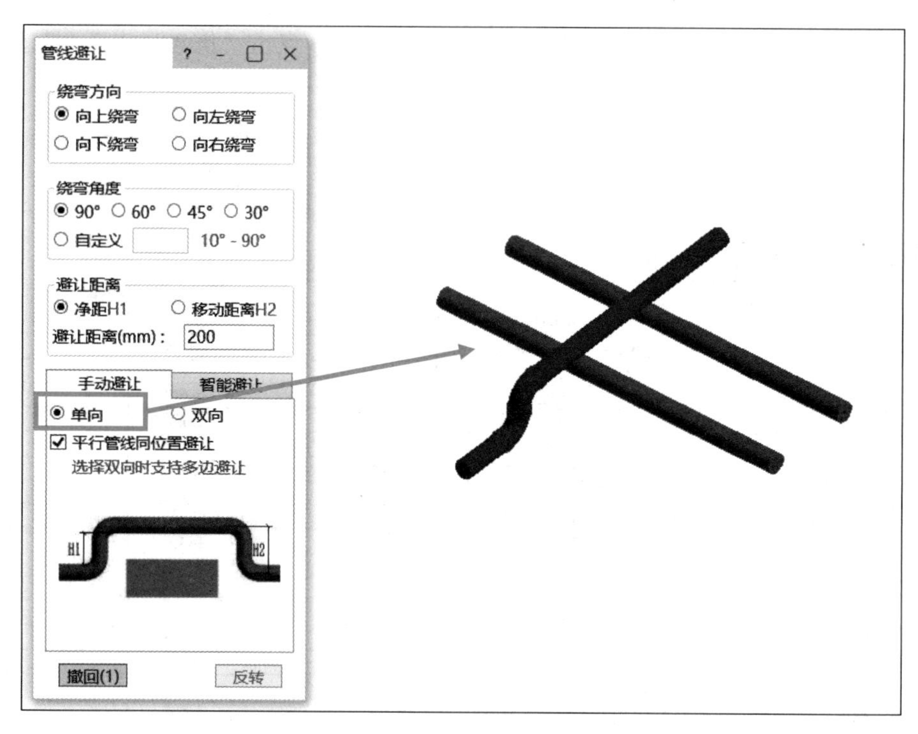

图 2.2-10　单向避让

第 3 步：双向管线避让。设置“管线避让”窗口内为“双向”→单击模型中需要翻弯的管道→单击该管线下翻位置，见图 2.2-11。

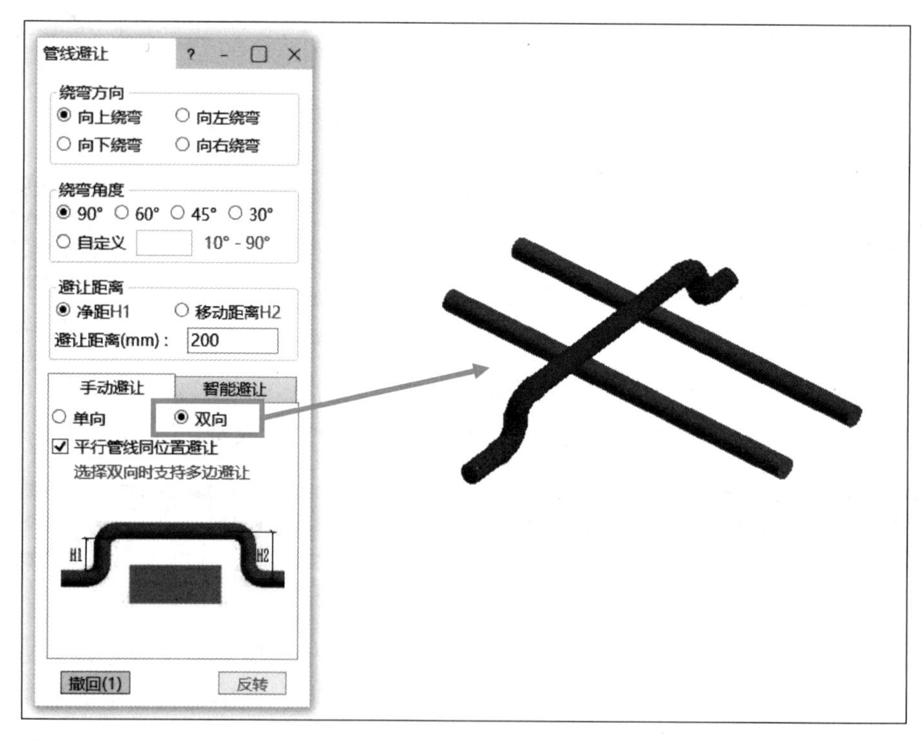

图 2.2-11　双向避让

2.3 开洞套管深化

开洞套管深化

1. 功能

根据施工要求提前确定出需要预留孔洞及套管的位置、大小等。

2. 操作步骤

全专业模型创建完成，且管线优化调整完成，不再有位置、尺寸等的变化后：

第 1 步：启动。点击“机电深化（品茗）”选项卡下“开洞套管”，见图 2.2-12。

图 2.2-12 开洞套管功能栏

第 2 步：设置开洞套管参数。弹出“开洞套管”窗口→根据实际需求进行开洞的设置，如开洞位置、管线类型、模型范围等，见图 2.2-13→点击“设置”进行各类洞口或套管的类型规格设置，见图 2.2-14。

第 3 步：运行开洞套管。点击“选择构件”→按需选择（单击或框选）管线→单击鼠标右键完成开洞套管，见图 2.2-15。

第 4 步：导出开洞套管报表。点击“机电深化（品茗）”选项卡下“套管报表”→弹出“开洞套管报表”窗口→点击“导出”，见图 2.2-16。

图 2.2-13 开洞套管设置（一）

设置

管道设置 | 风管设置 | 桥架及线管设置

套管类型:

名称	套管类型
建筑墙	圆形洞口
结构墙	刚性防水套管
人防墙	密闭套管
梁	刚性防水套管
板、屋面	刚性防水套管

其它设置

1、墙、梁预埋时，套管两侧伸出= 50 mm

2、板、屋面预埋，套管顶部伸出= 50 mm

3、管道开矩形洞口时，外扩= 50 mm

两侧伸出 顶部伸出 外扩

套管规格:

管道尺寸(DN)	套管规格(DN)
15	50
20	50
25	50
32	50
40	100
50	100
65	100
80	150
100	150
125	200
150	200
175	250
200	250
225	300
250	300
275	350

套管实际大小=保温层厚度+套管规格

恢复默认 确认 取消

图 2.2-14 开洞套管设置（二）

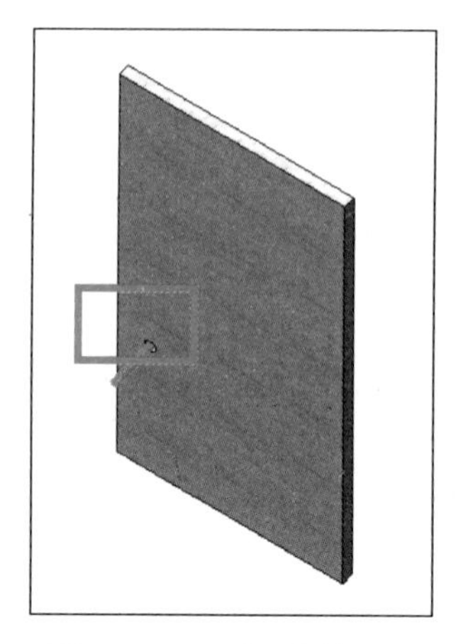

图 2.2-15　开洞套管示意

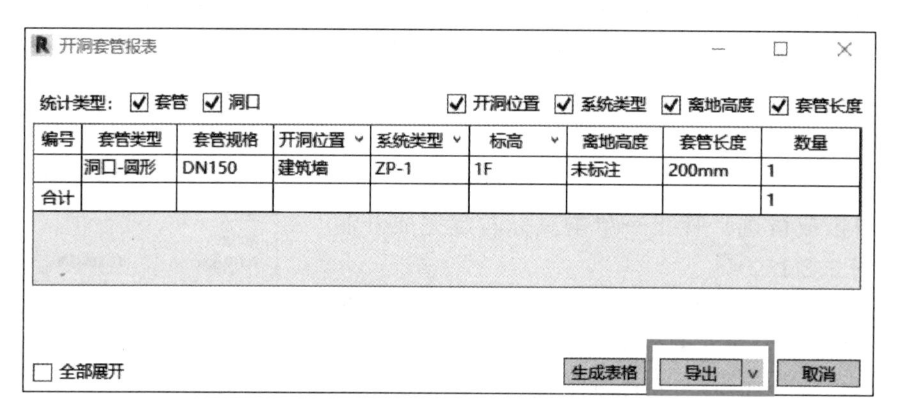

图 2.2-16　导出套管报告

2.4　支吊架深化

支吊架深化

1. 功能

根据施工要求提前确定支吊架的布置、类型、受力验算等。

2. 操作步骤

全专业模型创建完成，且管线优化调整完成，不再有位置、尺寸等的变化后：

第 1 步：启动。点击“机电深化（品茗）”选项卡下“支吊架布置”，见图 2.2-17。

图 2.2-17　支吊架功能栏

第 2 步：支吊架布置。弹出“布置支吊架”窗口→根据实际需求进行支吊架的设置，如支吊架类型、生根面、钢材型号参数等，见图 2.2-18→点击“一键布置”即可生成对应管线支吊架，见图 2.2-19。

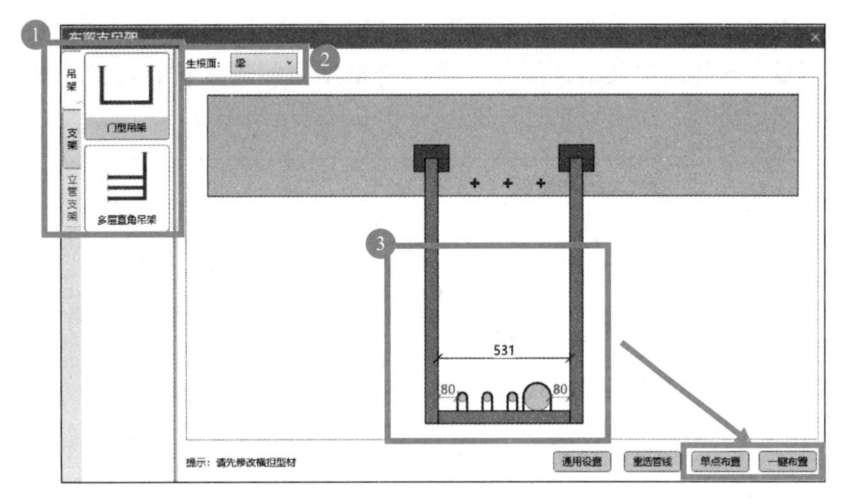

图 2.2-18 支吊架布置

图 2.2-19 支吊架示意

第 3 步：支吊架验算。点击“机电深化（品茗）”选项卡下“支吊架验算”→单击“需验算的支吊架”→弹出“支吊架验算”窗口→根据实际需求进行设置，如管道管材密度、保温密度、保温厚度、介质、计算长度等→点击“开始计算”→得出计算结论→导出计算书，见图 2.2-20。

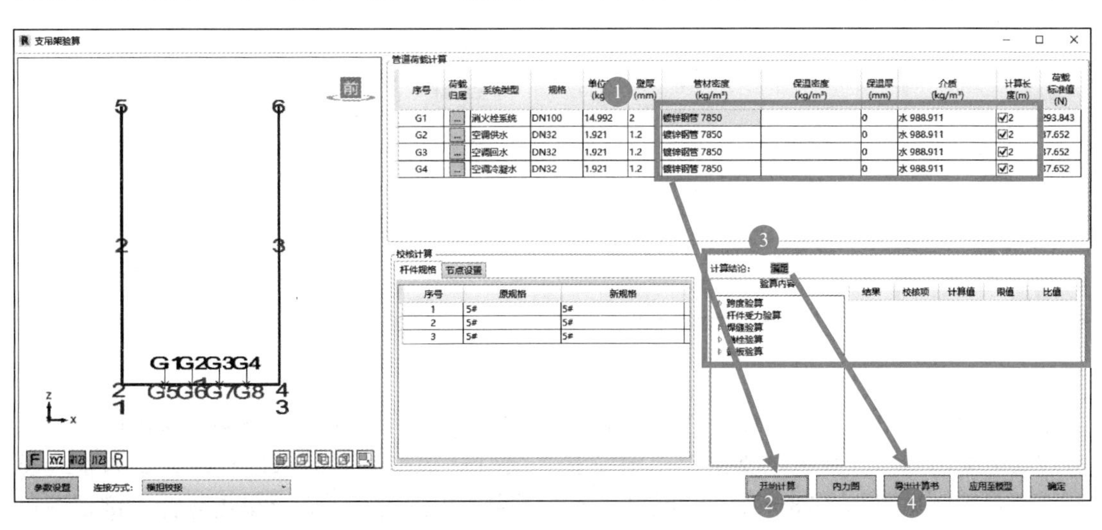

图 2.2-20 支吊架验算

第 4 步：支吊架编号。点击“机电深化（品茗）”选项卡下“支吊架出量出图”→点击“支吊架编号”→弹出“支吊架编号”窗口→根据实际需求进行设置，如前缀、命名等，见图 2.2-21→选择（单击或框选）支吊架→完成支吊架编号。

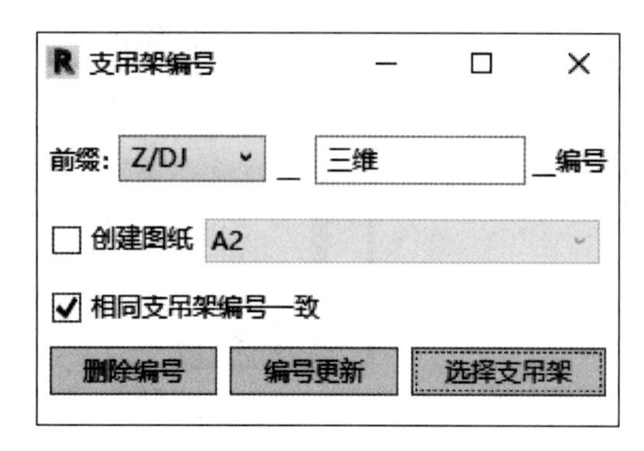

图 2.2-21 支吊架编号

第 5 步：支吊架统计。点击“机电深化（品茗）”选项卡下“支吊架出量出图”→点击“支吊架统计”→弹出“支吊架统计表”窗口→根据实际需求进行设置，如楼层选择、统计的支吊架类型、统计方式等，见图 2.2-22→点击“统计”→点击“导出”即可导出支吊架统计表。

支吊架统计表

范围选择
楼层选择 <全部 多选
自由选择

支吊架类型
所有支吊架
单管：风管、管道、桥架
多管：风管、管道、桥架、综合专业

构件选择
所有支吊架
普通支吊架：杆件、端板、管卡
成品支吊架：杆件、底座、配件

统计 导出

按支吊架型材统计　按支吊架编号统计　按专业统计

杆件统计

型材类型	型材尺寸	单个长度(m)	数量	总长度(m)	总重量(kg)
槽钢	5#	0.631	3	1.893	10.298
		0.689	2	1.378	7.496
		1.024	4	4.096	22.282
		0.55	1	0.55	2.992
		0.724	2	1.448	7.877
		合计		9.365	50.945
	总计				50.945

配件统计

配件名称	配件规格	数量
管卡	100	4
	32	12
矩形端板	140X105X10	2
	140X130X10	6

图 2.2-22 支吊架统计

第 6 步：支吊架出图。点击“机电深化（品茗）”选项卡下“支吊架出量出图”→点击“支吊架出图”→弹出“支吊架出图设置”窗口→根据实际需求进行设置，如管线类型、范围等，见图 2.2-23→点击“确定”→选择需要出图的支吊架→单击鼠标右键，即可完成支吊架出图，见图 2.2-24。

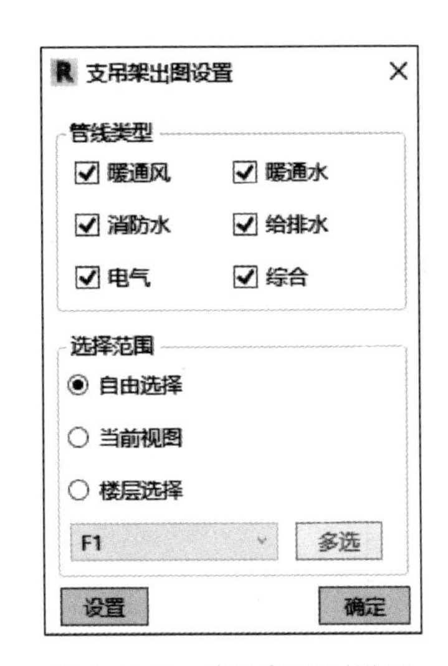

图 2.2-23　支吊架出图设置

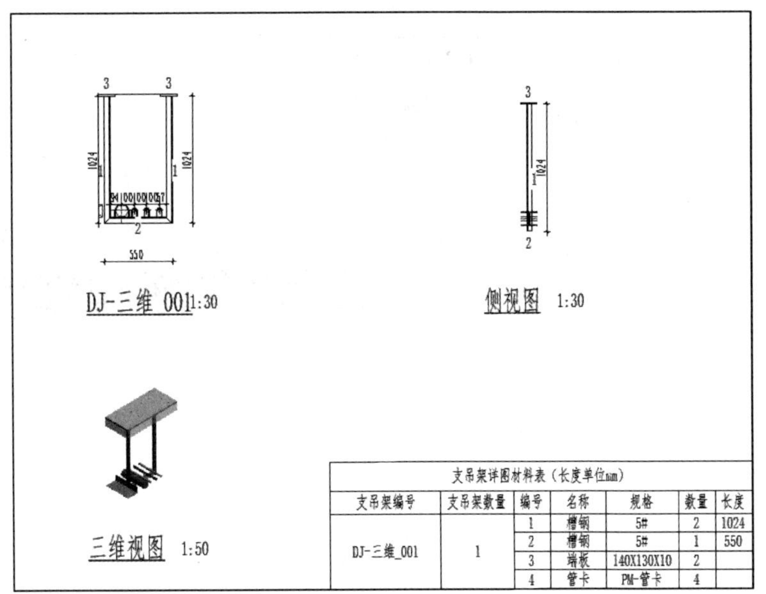

图 2.2-24　支吊架出图

2.5　机电预制深化

机电预制深化

1. 功能

根据施工要求提前确定出需要预制成品管线的分段分割、材料统计等。

2. 操作步骤

全专业模型创建完成，且管线优化调整完成，不再有位置尺寸等的变化后：

第 1 步：启动。点击“机电深化（品茗）”选项卡下“管道分段”，见图 2.2-25。

图 2.2-25　机电深化功能栏

第 2 步：管线分段。弹出“管道分段”窗口→根据实际需求进行开洞的设置，如垫片厚度、压力等级、法兰对正等，见图 2.2-26→点击“自动”进行具体分段范围、长度的设置，见图 2.2-27→点击“选择管线”→单击选择需要分段的管线→完成管线的分段，见图 2.2-28。

图 2.2-26　管道分管设置（1）

第 3 步：管线编号。点击“机电深化（品茗）”选项卡下“管道编号”→弹出“管道编号”窗口→根据实际需求进行设置，如编号前缀、标注样式等，见图 2.2-29→点击“选择管线”→选择完成后，单击鼠标右键确认→完成管线编号。

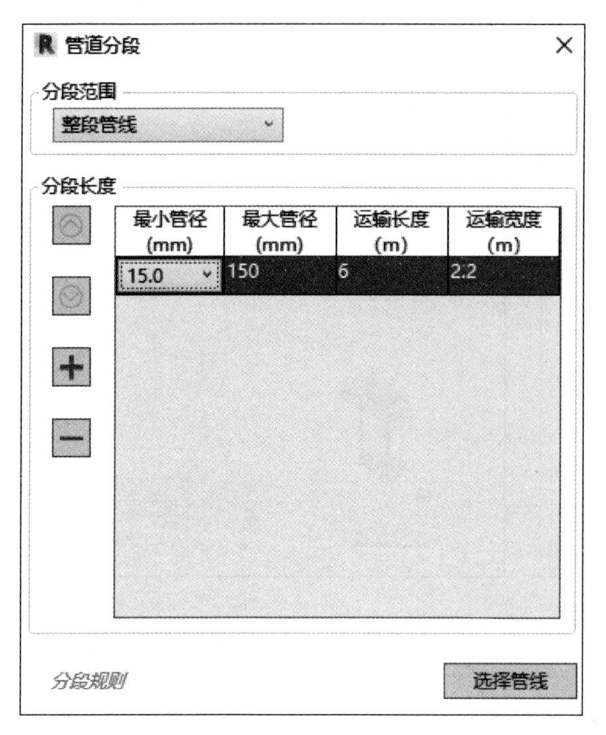

图 2.2-27　管道分管设置（2）

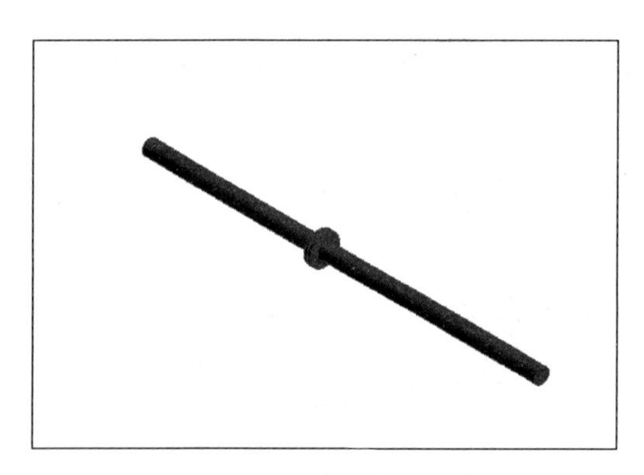

图 2.2-28　管道分段示意

图 2.2-29　管道编号

第 4 步： 管线统计及出图。点击“机电深化（品茗）”选项卡下“预制出图-管线出图”→点击“自由选择”→弹出“预制加工图”窗口→点击“导出 CAD”→点击“导出统计表”，见图 2.2-30。

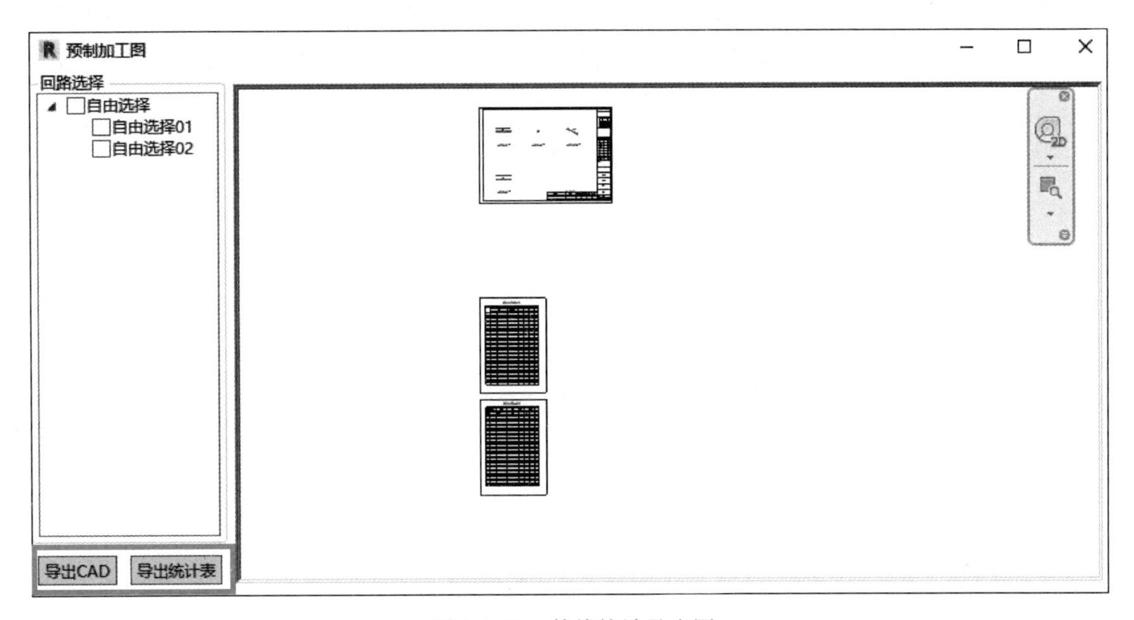

图 2.2-30　管线统计及出图

BIM 设备应用

活　页

➢ 任务习题

➢ 学习情况评价表

➢ 训练任务书

中国建筑工业出版社

单元1　Revit设备建模基础

任务1　设备建模准备　习题

一、单选题

1. Revit的项目文件格式为（　　）。

A. RTE

B. RFA

C. RVT

D. RVE

2. Revit版本高低和保存项目文件之间的关系是（　　）。

A. 高版本Revit可以打开低版本项目文件，并只能保存为高版本项目文件

B. 高版本Revit可以打开低版本项目文件，并可以保存为低版本项目文件

C. 低版本Revit可以打开高版本项目文件，并只能保存为高版本项目文件

D. 低版本Revit可以打开低版本项目文件，并可以保存为高版本项目文件

3. 通常在链接Revit模型的过程中采用的定位方式为（　　）。

A. 自动-中心到中心

B. 自动-共享坐标

C. 手动-原点到原点

D. 自动-原点到原点

4. Revit模型链接完成后，在以下哪个对话框中可开启项目基点和测量点的显示状态，查看项目的定位点？（　　）

A. 图形显示选项

B. 可见性/图形替换

C. 项目信息

D. 项目参数

5. “复制/监视”工具在以下哪个选项卡中？（　　）

A. 管理

B. 修改

C. 协作

D. 视图

6. 关于管道系统分类、系统类型和系统名称说法正确的是（　　）。

A. 系统分类、系统类型和系统名称都是Revit预设用户无法添加

B. 系统分类、系统类型是Revit预设用户无法添加，用户可以添加系统名称

C. 系统分类是 Revit 预设用户无法添加，用户可以添加系统类型和系统名称

D. 用户可以添加系统分类、系统类型和系统名称

7. 在“浏览器组织”对话框中，软件默认的组织方式不包括以下哪项？（　　）

A. 类型/规程

B. 规程

C. 阶段

D. 专业

8. 以下哪个工具可以对机电专业中各种管线进行快速分类，并用不同颜色进行区分？（　　）

A. 过滤器

B. 视图样板

C. 可见性

D. 浏览器组织

9. 视图详细程度不包括以下哪项？（　　）

A. 精细

B. 粗略

C. 中等

D. 一般

10. 视图属性包括视图比例、规程、详细程度及可见性设置等，如何可以快速修改不同视图中同类型视图的属性？（　　）

A. 直接修改视图属性

B. 使用视图样板

C. 使用过滤器

D. 使用浏览器组织

二、多选题

1. 应用程序菜单里包含以下哪几项操作？（　　）

A. 新建

B. 打开

C. 保存

D. 导出

E. 载入

2. 下列关于项目样板说法正确的是（　　）。

A. 项目样板就是 Revit 的工作基础

B. 用户只可以使用系统自带的项目样板进行工作

C. 项目样板包含族类型的设置

D. 项目样板文件后缀为 rte

E. 项目样板文件后缀为 rvt

3. 在“管理链接”中添加 Revit 模型，下列哪些是导入/链接 RVT 界面后可选择的定位方式？（　　）

A. 自动-原点到原点

B. 手动-原点

C. 自动-中心到中心

D. 手动-中心

E. 自动-通过共享坐标

4. 以下参数包含在轴网的类型属性对话框中的有（　　）。

A. 轴线中断

B. 轴线末端

C. 轴线中断颜色

D. 轴线末端颜色

E. 轴线中断长度

5. 关于项目样板的使用与创建，下列说法正确的有（　　）。

A. 项目样板通过视图样本定义可以快速修改视图的显示样式

B. 项目样板可以将常使用的构建族加载到项目当中

C. 项目样板可以定义多个管道系统分类

D. 项目样板可以提前对显示的线型、文字、标记统一定义

E. 项目样板可以快速定义明细表

6. 浏览器组织是为了对项目中的视图进行分类管理，系统默认将视图按照规程进行组织，软件默认的规程及子规程包括（　　）。

A. 建筑、结构

B. 电气、暖通

C. 卫浴

D. 机械

E. 协调

三、判断题

1. 项目文件在保存时不可以修改最大备份数。（　　）

2. 利用“复制/监视”工具进行标高和轴网的复制时只能选择单个对象。（　　）

3. 复制完成的标高和轴网将默认显示为“监视”状态。（　　）

4. 管道系统类型是 Revit 软件预设好的，用户无法进行添加和修改。（　　）

5. 浏览器组织的方法较多，可以通过修改视图的类型名称来进行区分，也可以采用新建项目参数的方式定义软件中没有的专业类型，进而通过项目参数来区分。（　　）

6. 视图样板控制的视图内容只能在编辑视图样板时进行修改，无法通过修改实例属性进行修改。（　　）

7. 平面图的视图样板只能被应用到平面图中。（　　）

8. 新建的过滤器可以在“可见性/图形替换”中应用到当前视图，可以修改不同系统的颜色和可见性。（　　）

9. “过滤器”工具在“管理”选项卡的“设置”面板中。（　　）

10. 项目中常用的 BIM 协同方法主要有“中心文件方式”“文件链接方式”和“文件集成方式”。（　　）

设备建模准备　学习情况自评表　　　　任务 1

序号	技能点	掌握与否	主要问题
1	新建项目		
2	链接模型		
3	复制标高和轴网		
4	定制项目样板		
5	创建过滤器和视图样板		
自习笔记			

设备建模准备　训练评分表　　　　任务 1

序号	技能点/训练点	得分	备注
1	新建项目		10%
2	链接模型		10%
3	复制标高和轴网		40%
4	定制项目样板		20%
5	创建过滤器和视图样板		20%
6	合计		100%

任务 2　水系统建模　习题

一、单选题

1. 水系统建模不包括以下哪项？（　　）

A. 给排水系统

B. 空调水系统

C. 供暖水系统

D. 通风系统

2. 在已创建无坡度的管段上添加坡度时，在坡度编辑器中设定好坡度值后，会在管段端点显示一个箭头，下列说法正确的是（　　）。

A. 该端点为选定管道部分的最高点

B. 该端点为选定管道部分的最低点

C. 无法切换该箭头的位置

D. 以上说法都不对

3. 在 Revit 水系统建模过程中，以下哪个工具可以保证绘制管道的高度一致？（　　）

A. 继承高程

B. 继承大小

C. 自动连接

D. 对正

4. 将喷头与消防管道进行连接时，可使用以下哪个命令？（　　）

A. 修剪

B. 放置

C. 连接到

D. 锁定

5. 在平面视图和立面视图中创建给排水管道时，以下说法正确的是（　　）。

A. 在平面视图中创建管道可以在选项栏中输入偏移量数值

B. 在立面视图中创建管道可以在选项栏中输入偏移量数值

C. 在平面视图和立面视图中创建管道都可以在选项栏中输入偏移量数值

D. 在平面视图和立面视图中创建管道都不可以在选项栏中输入偏移量数值

6. 在创建喷淋系统过程中，软件以何种依据自动生成管件？（　　）

A. 管件族库

B. 管道类型

C. 布管系统配置

D. 管件大小

7. 放置室内空调机时，出现“在当前视图中不可见”的提示，可能是以下哪种原因？（　　）

A. 未设置视图可见

B. 视图范围设置不对

C. 标高偏移量不对

D. 以上都有可能

8. 选中某一段管道，鼠标靠近端点控制柄点击右键，在弹出的对话框中不能进行以下哪项操作？（　　）

A. 绘制管道

B. 绘制管道占位符

C. 绘制管件

D. 绘制软管

9. 创建卫浴装置时，如果项目中没有所需要的族，可通过以下哪种方式载入？（　　）

A. 链接 Revit 模型

B. 载入族

C. 导入 CAD 模型

D. 插入 FBX 模型

10. 要在立管上添加截止阀，一般不在下列哪个视图中进行操作？（　　）

A. 立面视图

B. 剖面视图

C. 三维视图

D. 平面视图

二、多选题

1. 在建筑给排水平面图中可以识读的内容主要包括（　　）。

A. 卫生器具的数量和安装位置

B. 引入管的平面位置和系统编号

C. 立管的管径大小和编号

D. 水平干管的管径和标高

E. 管道配件的型号和口径

2. 以下包含在“系统”→“卫浴和管道”功能区的命令有（　　）。

A. 平行管道

B. 转换为软管

C. 管路附件

D. 卫浴装置

E. 机械设备

3. 下列选项中关于管道的绘制过程说法正确的是（　　）。

A. 单击管道工具，输入管径与标高值，绘制管道

B. 输入支管的管径与标高值，把鼠标移动到主管的管中心处，单击确认支管的起点，拖动鼠标再次单击确认支管的终点，在主管与支管的连接处会自动生成三通

C. 输入管道的管径与标高值，在绘制状态下直接改变绘制方向可绘制立管

D. 绘制完成三通后，选择三通，并单击三通处的加号，可将三通会变为四通

E. 输入管道的管径与标高值，在绘制状态下直接修改管径大小，可以绘制变截面管道

4. 管道对正设置中的垂直对正包括（　　）。

A. 中心对齐

B. 底对齐

C. 左对齐

D. 顶对齐

E. 右对齐

5. 在管道“类型属性”对话框下的“布管系统配置”中包含以下哪些构件配置？（　　）

A. 三通

B. 四通

C. 管段

D. 弯头

E. 过渡件

6. 在项目浏览器的“族”→“管道系统”选项中展开下拉列表，可以看到软件默认的管道系统类型有（　　）。

A. 家用冷水

B. 卫生设备

C. 消火栓系统

D. 湿式消防系统

E. 循环供水

三、判断题

1. 供水与回水都属于循环水，因此只需创建一个管道系统供二者共用即可。（　　）

2. 视图在粗略和中等详细程度下，绘制的管道默认为双线显示。（　　）

3. Revit 进入“管道”命令后一般默认启动“禁用坡度”，绘制重力排水管道时要根据要求选择向上坡度或向下坡度。（　　）

4. 在 Revit 水系统建模中，可以在绘制管道的同时指定坡度，但不可以在管道绘制结束后再进行管道坡度编辑。（　　）

5. 绘制管道时，只能通过插入族的方式添加三通。（　　）

6. 在绘图区域已经绘制了某尺寸的管道，则该尺寸在机械设置尺寸列表中将不能被删除。（　　）

7. 将设备与管道进行连接时，可采用“连接到”命令。（ ）

8. 绘制管道不需要设置管道材质。（ ）

9. 在“机械设置”对话框中可以新建管段与尺寸。（ ）

10. 在绘制管道过程中，能够自动添加的管件一般都是在管道“布管系统配置”中提前进行设置，无法自动生成的管件也可以进行手动添加。（ ）

水系统建模　学习情况自评表　　任务 2

序号	技能点	掌握与否	主要问题
1	水系统概述及图纸识读		
2	管道系统设置		
3	管道参数设置		
4	管道绘制		
5	管道附件及设备的添加		
自习笔记			

水系统建模　训练评分表　　任务 2

序号	技能点/训练点	得分	备注
1	水系统概述及图纸识读		10%
2	管道系统设置		20%
3	管道参数设置		20%
4	管道绘制		30%
5	管道附件及设备的添加		20%
6	合计		100%

任务3　风系统建模　习题

一、单选题

1. 若需在同一个项目中绘制水系统、风系统和电气系统模型，最合适的项目样板为（　　）。

A. 建筑样板

B. 电气样板

C. 构造样板

D. 系统样板

2. 在绘制风管时若需要使用特定的角度进行绘制，需要怎样设置？（　　）

A. 在管道的“类型属性”对话框中调整

B. 在“机械设置”→“管道设置”→“角度”中调整

C. 在管道的“属性”栏中进行调整

D. 在管道系统的“类型属性”对话框中调整

3. 下列选项中无法载入管件族的是（　　）。

A. 在“修改｜放置风管附件”选项卡下点击“载入族”进行载入

B. 在“修改｜放置管件”选项卡下点击“载入族”进行载入

C. 在风管的“类型属性”→“布管系统配置”中点击“载入族”进行载入

D. 在管件的“类型属性”中点击“载入族”进行载入

4. 绘制风管时，若需要风管以实体和材质图形下的颜色进行显示，需要进行的调整为（　　）。

A. 在视图控制栏将详细程度改为“精细”，视觉样式改为“着色”

B. 在视图控制栏将详细程度改为“中等”，视觉样式改为“着色”

C. 在视图控制栏将详细程度改为“中等”，视觉样式改为“真实”

D. 在视图控制栏将详细程度改为“精细”，视觉样式改为“线框”

5. 下列选项中不属于视觉样式的是（　　）。

A. 着色

B. 线框

C. 真实

D. 半透明

6. 关于模型显示的优先级，正确的顺序为（　　）。

A. 对象样式＜过滤器＜可见性/图形替换

B. 过滤器＜对象样式＜可见性/图形替换

C. 对象样式＜可见性/图形替换＜过滤器

D. 可见性/图形替换＜过滤器＜对象样式

7. 下列选项中无法修改整根风管偏移量的是（　　）。

A. 绘制时可以在选项栏设置风管偏移量

B. 绘制完成后可以通过属性栏设置风管偏移量

C. 可以在立面或剖面视图选中对应的风管并将其移动到指定高程

D. 绘制完成后在平面图中选中风管，只修改一端的高度参数

8. 下列选项中可以设置风管的上升/下降符号的是（　　）。

A. 在风管属性栏设置

B. 在风管编辑类型中设置

C. 通过项目浏览器→风管系统→类型属性设置

D. 在选项栏设置

9. 下列绘制竖向风管的方式错误的是（　　）。

A. 在剖面图中使用风管命令从下往上绘制风管

B. 使用风管命令，首先点击第一点，然后修改偏移量，最后再双击选项栏中的“应用”即可

C. 连接两段高差较大的风管，会自动生成竖向风管

D. 任意连接两段存在高差的风管即可

10. 载入Y形三通族时，应该在族库内机电文件夹下选择的文件为（　　）。

A. 风管附件

B. 风管管件

C. 阀门

D. 空气调节

二、多选题

1. Revit软件机电专业常用的样板有（　　）。

A. 建筑样板

B. 系统样板

C. 机械样板

D. 电气样板

E. 构造样板

2. 下列属于“系统”选项卡下“HVAC”选项面板中工具的是（　　）。

A. 风管

B. 风管占位符

C. 照明设备

D. 机械设备

E. 卫浴装置

3. 下列设置风管系统颜色方式正确的是（　　）。

A. 在风管系统的类型属性中调整材质图形的颜色

B. 调整风管的布管系统配置

C. 调整风管系统类型

D. 调整风管系统类型属性中的“类型图像”

E. 可见性和图形替换中的过滤器进行颜色的添加

4. 下列选项中属于使用“导入 CAD”命令时图纸定位方式的是（　　）。

A. 自动-原点到原点

B. 自动-中心到中心

C. 项目基准点

D. 手动-原点

E. 手动-中心

5. 在绘制矩形风管时，下列选项中可以在选项栏中调整的是（　　）。

A. 材质

B. 尺寸

C. 宽度

D. 偏移量

E. 高度

三、判断题

1. BIM 碰撞检查软件继承了各个专业的模型，比单专业的设计软件需要支持的模型更多，对模型的显示效率及功能要求更高。（　　）

2. 多叶调节阀不属于默认系统的风道末端族。（　　）

3. 风管命令位于“机电”选项卡。（　　）

4. 风管命令的快捷键为“DT”。（　　）

5. 绘制风管时仅显示中心线是因为显示模式为线框模式。（　　）

6. 绘制风管时可以在选项栏设置风管偏移量。（　　）

7. 螺纹属于 Revit 软件默认管件族零件类型。（　　）

8. 在绘制矩形风管时，宽度可以在选项栏中调整。（　　）

9. Y 形三通属于矩形风管默认首选连接件。（　　）

10. 任意一段风管都可以转换为软风管。（　　）

风系统建模　学习情况自评表　　　　任务3

序号	技能点	掌握与否	主要问题
1	风系统概述及图纸识读		
2	设置风管系统		
3	设置风管参数		
4	绘制风管		
5	添加风管附件及设备		
自习笔记			

风系统建模　训练评分表　　　　任务3

序号	技能点/训练点	得分	备注
1	风系统概述及图纸识读		10%
2	设置风管系统		20%
3	设置风管参数		20%
4	绘制风管		30%
5	添加风管附件及设备		20%
6	合计		100%

任务4　电气系统建模　习题

一、单选题

1. BIM中机电模型的主要功能是（　　）。

A. 存储机电模型的相关数据

B. 模拟机电设备的运行状态

C. 绘制机电系统的图纸

D. 改善机电系统的运行效率

2. 下列关于电气专业模型表述错误的是（　　）。

A. 图纸要求配电箱放置高度为1.5m，表示为距楼层建筑地面1.5m，而不是楼层标高1.5m

B. 开关应水平放置在距门100～200mm

C. 桥架上方需预留至少100mm

D. 强弱电桥架水平距离一般为0

3. 以下机电管线在机房工程的管道综合排布中，最优先排布的是（　　）。

A. 通风管道

B. 电气桥架

C. 空调水管道

D. 喷淋管道

4. 在能源消耗模拟中，分析机电系统的能源消耗通常以（　　）为单位。

A. kWh/m^2

B. kWh/h

C. m^3/h

D. g/h

5. 在BIM中，机电系统模型中的管道通常需要添加下列哪些属性？（　　）

A. 材料、口径和长度

B. 名称、图标和颜色

C. 设备名称、房间和位置

D. 压力、类型和流量

6. 在BIM中，机电系统模型的不同方面通常都需要与其他模型进行协调，下列哪个模型最需要与机电系统模型进行协调？（　　）

A. 结构模型

B. 地面模型

C. 空调系统模型

D. 土建模型

7. BIM 中机电模型通常需要添加哪些信息来支持模拟和分析？（　　）
A. 操作和维护手册
B. 能源消耗和材料数据
C. 房间名称和面积
D. 设备购置和安装成本
8. 当在 BIM 中进行装配检查时，哪些类别的冲突可能会发生？（　　）
A. 设备和管道的位置冲突
B. 设备和线缆的位置冲突
C. 设备和出口的位置冲突
D. 设备和设备的位置冲突
9. 工程师在 BIM 中进行机电系统设计时，需要遵守哪种设计流程？（　　）
A. CAD 流程
B. BIM 流程
C. 设计流程
D. 建筑流程
10. 在 BIM 中机电模型中，设备元素需要记录哪些类型的信息？（　　）
A. 安装信息和运行参数
B. 设计参数和制造商信息
C. 历史维护记录和运行数据
D. 状态变化和上下游设备信息

二、多选题

1. 在 BIM 中进行电气系统设计时，需要添加哪些信息？（　　）
A. 线缆
B. 设备
C. 安装高度
D. 负载
E. 电路图
2. Revit 软件机电系统颜色设置的方法有（　　）。
A. 过滤器
B. 材质
C. 模型类别
D. 模型类型
E. 图形替换
3. 在 BIM 中协调机电系统时，可以使用哪种类型的软件？（　　）
A. BIM 软件
B. CAD 软件
C. 电子表格软件
D. 数据库软件
E. Office 软件

4. 在能源消耗模拟中，可以根据哪些因素进行分析？（　　）

A. 环境影响

B. 设备效率

C. 天气变化

D. 负荷变化

E. 系统操作参数

三、判断题

1. BIM 标准中，机电系统模型通常包括能源管理模型和设备参数模型。（　　）

2. BIM 中的装配检查是指在设计和施工阶段进行检查，以确保系统元素之间的互相配合性以及建筑物与设计之间的协调一致。（　　）

3. 在 BIM 中，机电房是指机电系统模型中的一种元素。（　　）

4. 在 BIM 中进行机电系统模拟的主要目的是计算建筑的总能源消耗。（　　）

5. 在 BIM 中进行机电系统模拟时，可以分析设备的能源消耗、效率和维护等信息。（　　）

6. 在 BIM 中进行机电系统设计时，需要添加设备和管道等元素，并设置其材料、口径和长度等属性。（　　）

7. BIM 中机电系统模型的一项重要功能是模拟机电设备的运行状态。（　　）

8. 在 BIM 中协调机电系统时，可以使用机电模型的可视化来优化设备的位置和方向等。（　　）

9. BIM 中的协调检查是指在建筑模型的各个方面之间进行检查，以确保所有元素之间的协调一致性和互相配合性。（　　）

10. 在 BIM 中进行机电系统设计时，需要遵循逐级协调的原则，将机电系统模型与其他模型进行协调。（　　）

11. BIM 中的装配检查是指通过模拟场景来检查机电系统元素的相互配合性和建筑物的协调一致性。（　　）

12. 在 BIM 中，机电系统模型可以用于计算建筑的总能耗和维护成本等。（　　）

13. BIM 中的机电系统模型需要包括设备、管道、线缆和出口等基本要素。（　　）

14. 在 BIM 中进行电气系统设计时，可以设置负载和电气参数等属性来支持其他模型的协调和分析。（　　）

15. 在 BIM 中进行机电系统模拟时，可以分析设备的能源消耗、效率和维护等信息，并帮助制定能源管理和维护计划。（　　）

电气系统建模　学习情况自评表　　任务 4

序号	技能点	掌握与否	主要问题
1	电气系统图纸识读		
2	电气设备的添加		
3	线管的绘制		
4	电缆桥架的绘制		
自习笔记			

电气系统建模　训练评分表　　任务 4

序号	技能点/训练点	得分	备注
1	电气系统图纸识读		10%
2	电气设备的添加		30%
3	线管的绘制		30%
4	电缆桥架的绘制		30%
5	合计		100%

单元 2　建筑设备快速建模与智能优化

任务 1　建筑设备快速建模　习题

一、单选题

1. 以下有关图纸处理及导入说法错误的是（　　）。

A. 图纸可不处理直接导入

B. 图纸可根据实际需求隐藏不需要的图层再进行导入

C. 图纸可根据实际需求删除不需要的图层再进行导入

D. 同一个项目不同专业不同楼层图纸设置同一个项目基点再进行导入

2. 在建模软件内操作步骤第一步是（　　）。

A. 创建标高

B. 创建轴网

C. 选择样板文件新建项目

D. 图纸导入

3. 以下有关调整标高描述正确的是（　　）。

A. 选择标高，出现蓝色的临时尺寸标注，鼠标点击尺寸修改其值

B. 选择标高，直接编辑其标高值

C. 选择标高，直接用鼠标拖曳至相应的位置

D. 以上均正确

4. 软件中放置第一个轴网并命名为 1-A 之后，复制轴网 1-A 创建新轴网，生成的新轴网名称为（　　）。

A. 2

B. 1-B

C. 1-2A

D. 2-A

5. 关于如何设置管道在平面视图内显示所需颜色，表述错误的是（　　）。

A. 设置管道类型中的材质颜色

B. 设置管道系统的材质颜色

C. 过滤器内设置颜色

D. 设置管道系统中的图形替换

6. 关于机电系统的设置，表述错误的是（　　）。

A. 可设置管道名称

B. 可设置管道尺寸
C. 可设置管道系统材质颜色
D. 可设置管道布管系统配置
7. 关于喷淋系统，以下说法正确的是（　　）。
A. 喷淋系统中的喷头标高要参考楼板高度调整
B. 喷淋系统中的喷头标高要参考天花板高度调整
C. 喷淋系统要在风管超过 1.2m 时增设下喷
D. 以上均正确
8. 关于喷头，以下说法正确的是（　　）。
A. 喷淋系统上的喷头有上喷型（直立型）
B. 喷淋系统上的喷头有下喷型
C. 喷淋系统上的喷头有侧喷型
D. 以上均正确
9. 在创建喷淋系统过程中，管道自动生成管件的依据是（　　）。
A. 管件族库
B. 管道类型
C. 布管系统配置
D. 管件大小
10. 在项目中创建“市政给水系统”，下列说法正确的是（　　）。
A. 选用“家用冷水/家用热水”系统分类进行创建
B. 选用“循环供水/循环回水”系统分类进行创建
C. 选用“干式消防系统/湿式消防系统”系统分类进行创建
D. 以上均正确

二、多选题

1. 在 Revit 项目中，可以创建轴网的视图有（　　）。
A. 楼层平面
B. 天花板平面
C. 南立面
D. 三维视图
E. 漫游视图
2. 下列关于品茗 HiBIM 软件中电缆敷设功能的描述，正确的是（　　）。
A. 电缆敷设之前需要设置电缆参数，包含电缆规格、弯曲半径
B. 电缆敷设之前不需要设置电缆规格
C. 电缆敷设可以选择敷设路径，直接生成
D. 电缆排布优化可以让电缆更美观整洁
E. 电缆排布优化可以降低工程量
3. 下列关于喷淋系统的描述，正确的是（　　）。
A. 直立型喷头安装距楼板顶部距离规范要求为 75～150mm
B. 边墙型喷头安装离墙距离为 50～100mm

C. 当梁、通风管道、排管、桥架宽度大于 1.2m 时，应增设下喷头

D. 有吊顶时设置下喷头，当吊顶上方闷顶的净空高度超过 800mm，且其内部有可燃物时，要求设置上喷头

E. 喷头应在系统冲洗试压合格后安装

4. 在风管“类型属性”对话框下的“布管系统配置”包含的构件设置有（　　）。

A. 弯头

B. 活接头

C. 多形状过渡件矩形到圆形

D. 多形状过渡件圆形到矩形

E. 过渡件

5. 以下哪项可以设置管道系统在视图内显示所需颜色？（　　）

A. 设置过滤器内系统颜色

B. 设置管道系统的材质颜色

C. 设置管道的填充图案

D. 设置管道系统中的图形替换

E. 设置管道类型中的材质颜色

三、判断题

1. 在 HiBIM 软件中，楼层表可以在平面内转化。（　　）

2. 图纸处理时，需要考虑不同专业、楼层的图形插入点一致。（　　）

3. 软件内的项目基点一定要与图纸的①/Ⓐ轴交点对齐。（　　）

4. 在软件中，如果没有创建轴网，则不能绘制梁。（　　）

5. 轴网不能设置只显示一侧端点轴号。（　　）

6. 可以通过过滤器对风管系统添加材质。（　　）

7. 可以通过复制管道系统，创建新的给排水系统。（　　）

8. 电缆敷设不需要排布。（　　）

9. 喷头只有上喷和下喷。（　　）

10. 喷淋系统在宽度 1.5m 的风管下需要增设下喷。（　　）

建筑设备快速建模　学习情况自评表　　　　任务1

序号	技能点	掌握与否	主要问题
1	图纸处理		
2	创建标高		
3	创建轴网		
4	设置机电系统		
5	创建喷淋系统		
6	调整喷淋系统		
自习笔记			

建筑设备快速建模　训练评分表　　　　任务1

序号	技能点/训练点	得分	备注
1	图纸处理		10%
2	创建标高		15%
3	创建轴网		15%
4	设置机电系统		25%
5	创建喷淋系统		25%
6	调整喷淋系统		10%
7	合计		100%

任务 2　建筑设备智能优化　习题

一、单选题

1. 碰撞检查包括（　　）。

A. 项目内图元之间的碰撞检查

B. 项目图元与项目链接模型之间的碰撞检查

C. 两个项目内图元之间的碰撞检查

D. A 与 B 均可

2. 在 HiBIM 软件中，导出的完整碰撞报告不包含哪项内容？（　　）

A. 轴网

B. 标高

C. 修改前图片

D. 修改后图片

3. 在空调机房工程的管道综合排布中，下面哪一项为最优先排布？（　　）

A. 通风管道

B. 电气桥架

C. 空调水管道

D. 喷淋管道

4. 下列哪项管道不能随意翻弯？（　　）

A. 重力污水管

B. 喷淋管

C. 市政给水管

D. 压力污水管

5. 下列关于 BIM 在设备方面的应用不包含的是（　　）。

A. 碰撞检查

B. 管线综合

C. 土建预留洞口

D. 进度计划

6. 下列关于开洞套管，描述错误的是（　　）。

A. 线管穿墙可以开洞

B. 管道穿建筑墙需要添加套管

C. 管道穿结构墙需要添加套管

D. 成排管道穿墙可以进行综合开洞

7. 下列关于 HiBIM 软件中管线避让，描述错误的是（　　）。

A. 管线绕弯形式有单向、双向、多点 3 种形式

B. 管线绕弯方向有向上、向下、向左、向右 4 种形式

C. 桥架绕弯不建议设置 45°

D. 桥架绕弯不建议设置 90°

8. 下列关于支吊架的说法错误的是（　　）。

A. 立管不需要设置支吊架

B. 考虑抗震设防烈度，机电管线需设置抗震支吊架

C. 防火阀直径或长边尺寸大于等于 630mm 时应设置独立的支吊架

D. 边长（直径）大于 1250mm 的弯头和三通应设置独立的支吊架

9. HiBIM 软件中不存在哪项支吊架类型？（　　）

A. 门型支架

B. 三角支架

C. 一字支架

D. 斜撑支架

10. 下列关于 HiBIM 软件中管道分段，描述错误的是（　　）。

A. 管道分段需设置垫片厚度

B. 管道分段需设置压力等级

C. 管道分段需设置法兰厚度

D. 管道分段需设置法兰对正

二、多选题

1. 在 HiBIM 软件中，能导出的碰撞报告的格式是（　　）。

A. Word

B. Excel

C. DWG

D. RVT

E. IFC

2. 下列关于碰撞检查，说法正确的是（　　）。

A. 项目内图元之间的碰撞检查

B. 项目图元与项目链接模型之间的碰撞检查

C. HiBIM 软件可以进行硬碰撞

D. HiBIM 软件可以进行软碰撞

E. 布置的支吊架不需要进行碰撞检查

3. 管线综合避让原则包括（　　）。

A. 小管让大管

B. 利用梁间空隙进行翻弯

C. 风管让压力水管

D. 所有管线避让重力管道

E. 造价低的管道避让造价高的管道

4. 以下可以进行开洞的是（　　）。

A. 建筑墙

B. 结构墙
C. 梁
D. 屋面
E. 楼板
5. 支吊架杆件类型包括（　　）。
A. 圆钢
B. 槽钢
C. 角钢
D. 工字钢
E. H 型钢

三、判断题

1. 在 HiBIM 软件中，可以进行软碰撞。（　　）
2. 在 HiBIM 软件中，碰撞报告的导出可以显示碰撞前后图片。（　　）
3. 重力排水管道不能随意几字形上下翻。（　　）
4. 一般情况下翻弯建议向上利用梁窝进行。（　　）
5. 成排管道可进行综合开洞。（　　）
6. 链接模型管线也可进行开洞套管。（　　）
7. 水管管道布置支吊架需考虑管卡。（　　）
8. 支吊架布置不需要考虑管道保温层。（　　）
9. 在 HiBIM 软件中，可以进行机电预制出图。（　　）
10. 在 HiBIM 软件中，可以进行机电预制布料统计。（　　）

建筑设备智能优化　学习情况自评表　　　　任务 2

序号	技能点	掌握与否	主要问题
1	碰撞检查		
2	管线调整(优化)		
3	开洞套管深化		
4	支吊架深化		
5	机电预制深化		
自习笔记			

建筑设备智能优化　训练评分表　　　　任务 2

序号	技能点/训练点	得分	备注
1	碰撞检查		10%
2	管线调整(优化)		30%
3	开洞套管深化		20%
4	支吊架深化		20%
5	机电预制深化		20%
6	合计		100%

训练任务　校史展览馆

项目简介：

训练项目为浙江建设职业技术学院上虞校区校史展览馆，地上二层，包括展览中心、办公室、设备机房等，总建筑面积约 1880m^2。一层设置一个弱电机房，二层设置一个空调机房和一个弱电间，一、二层各有一个卫生间。卫生间给水取自城市自来水，为保证学校供水安全性，在图书馆地下一层生活水泵房内设置一套罐式叠压式供水设备，用于市政给水压力不足时，加压直供校园给水管网。校史展览馆的空调冷热源采用水冷离心式冷水机组，热源采用真空热水锅炉，制冷机房置于图书馆地下一层，锅炉房置于行政楼地下一层。

训练要求：

根据提供的给排水、暖通和电气专业图纸，独立完成校史展览馆的设备 BIM 建模，完成的模型应包含给排水及消防系统的水管、管件、附件、消火栓等设备，暖通系统的风管、管件、附件、风口、风机等设备，电气系统的电缆桥架、线管等常规构件，正确设置项目基本信息、建模环境、构件几何信息和材质信息，并利用 HiBIM 软件对设备 BIM 模型进行管线碰撞检查及优化调整，最终成果保存为 BIM 项目文件。

参考训练时间：

第 2 教学周～第 8 教学周。

参考评分占比：

本项目训练占平时成绩的 40%。

训练任务　评分表

序号	评分项	得分	备注
1	项目准备		10%
2	水系统建模		30%(水管、管件、附件、消火栓等)
3	风系统建模		20%(风管、管件、附件、风口、风机等)
4	电气系统建模		20%(电缆桥架、线管、灯具等)
5	HiBIM 快速建模与智能优化		20%(水暖电快速建模、碰撞检查、管线优化调整等)
6	合计		100%